身近な食塩と貝殻、酸化チタン皮膜のX線解析

平川　和子

はじめに

19世紀の終わり頃から20世紀の初頭にかけての約20年間は、人類の価値観や物理感が大きく変化した時代です。1895（明治28）年にはレントゲン（ドイツの物理学者）によってX線が発見され、1897（明治30）年にはトムソン（イギリスの物理学者）によって電子が発見されました。そして、1912（大正元）年にはラウエ（ドイツの理論物理学者）が結晶（原子が空間的に規則正しく配列した固体物質）によるX線の回折現象を発見し、物質が原子からできていることが明らかにされました。こうして歴史に残る大発見があいつぎ、それまで化学変化の際の物質の量的関係を、合理的に説明するために便宜上、用いられていた原子は実在のものとなり、その形や大きさを具体的に知ることができるようになりました。

また、日本におけるX線回折研究の歴史は大変に古く、1912（大正元）年にラウエが発見したX線の回折現象のニュースが日本にも伝わると、寺田寅彦（物理学者、随筆、俳人・ペンネーム 吉村冬彦）は、1913（大正2）年に岩塩の大きい結晶片などのサンプルを測定して、太いX線束や蛍光板を用いた結晶のX線が回折されることを観察しました。この回折が結晶面からの反射の形で生じることを学会で発表しました。これが、日本における結晶回折研究の第一歩となったのです。ちなみに、「天災は忘れられた頃やって来る」といったのは、この寺田寅彦です［1］。

従来のX線回折装置（X-Ray Diffractometer：XRD）は、格子面から反射したX線を検出するため、サンプル測定面の平滑化が重要で、凹凸のあるサンプル表面の測定では、ピークシフト（サンプル面が光学系の基準位置に対して前後することで、回折角が変位する）が起き、正確な解析が困難でした。

近年のＸＲＤ装置の急速なデジタル化や平行ビーム法の光学系が開発され、凹凸のあるサンプル表面の測定、定性分析（同定、物質の結晶系を決めること）や、格子定数（格子の長さ、角度）の算出などの正確な解析が可能になっています。

そこで、まず、この平行ビーム法を広く理解していただくために、身近な食塩で粒子が異なる食塩や精製法の異なる食塩、産地の異なる食塩、さらに貝殻を粉砕せずにそのまま外側を測定することによって、凹凸が著しい表面状態からも定性分析（物質の同定）が可能であることを紹介させて頂きます。

従来、ＸＲＤ法のサンプルは凹凸のないフラットなサンプル作製を懸命に作ってきた記憶があると思いますが、凹凸のあるサンプルから何がわかるのか、また、サンプルの作り方について併せて述べました。このことから得られる知見についての考察も加えました。

— 目次 —

第1章　身近な食塩の用途とX線回折法測定

（1） 食塩と人間生活の関わり

塩は空気や水と同じように、私たちが生きていく上でなくてはならないものです。なぜなら、体の中には塩が含まれており、体内の水分を保つなどの大切な働きをしています。これは、生命の誕生と深い関係があります。

私たちの住む星・地球は約46億年前に誕生し、岩石が溶けたマグマの海が地表を覆い、水蒸気（H_2O）や窒素（N_2）、二酸化炭素（CO_2、以下省略）などのガスからできた原始大気が空を覆っていました。約43億年前になると地球の温度が急に下がり、原始大気に含まれていた水蒸気が雨となって地上に降り注ぐようになり、この雨が地表を冷やし地表が冷えてさらに雨が降り、年間の雨量は10メートルを超える凄まじい大雨であったと考えられています。この大雨が1000年近くも続き、現在の海のもとになる海が生まれました。原始の海は溶けた塩酸（HCl）なども流れ込んだので、はじめは酸性でとても生物が住める環境ではなかったようです。酸性の海水はその後、地表の岩石・土壌の成分であるカルシウム（Ca）、鉄（Fe）、ナトリウム（Na）などを溶かし、現在のような中性の海水になりました。酸性の海水が中性になるにつれて、高濃度であったアルミニウムイオン（Al^{3+}）やチタンイオン（Ti^{4+}）などが水酸化アルミニウム（$Al(OH)_3$）や水酸化チタン（$Ti(OH)_4$）などの水酸化物として沈殿し、現在の低濃度になりました。32億年前になると光合成をする生物が現れ、二酸化炭素を酸素に変換するようになり、海水中の酸素が増加すると2価の鉄（Fe^{2+}）は3価の鉄（Fe^{3+}）に、2価のマンガン（Mn^{2+}）は4価のマンガン（Mn^{4+}）に酸化されて、それぞれ水酸化鉄（$Fe(OH)_3$）や酸化マンガン（MnO_2）として沈殿していきました。鉄やマンガンなどの濃度が低下し、海水中の酸素（O_2）が消費されなくなった20億年前から、大気中に酸素が供給されるようになりました。大気中の酸素が増加して太陽からの紫外線が減少してくると地表にも生物が生育する環境が整い、二酸化炭素と酸素の生産が平衡状態となり現在の大気になりました。

最初の生命誕生は約40億年前の地球誕生から6億年たった頃の海中で誕生したと考えられています。生命誕生の材料となった基本的物質は、原始大気中の成分であるメタン（CH_4）、アンモニア（NH_3）、二酸化炭素などの無機物でした。これらにエネルギーとなる太陽光、雷の放電、放射線や熱、紫外線などが加わることによって生命は作られました。こうして生命を構成する基本的な物質のアミノ酸、各酸塩基、糖や炭水化物などの有機物が生命物質を合成しました。最も激しく反応が起った場所は、エネルギーが十分に与えられた海底熱水噴出孔や隕石の落下地点などが注目されています。こうしてできた生命物質は雨によって原始の海に溶け込み、海中で「液滴」と呼ばれる形態になり膜はないものの、袋状の構造をもつ「液滴」がその後、初期の生物の単細胞（原核細胞）になりました。これらの細胞は海の中を漂う有機物を利用した呼吸方法で進化し、やがて自分で栄養を作り出す手段が必要となり、これが光合成のはじまりです。さらに原核細胞は進化を続け、さまざまな種類のものが現れました。やがてそれらの中から核を持った生物の原生生物が15~12億年前に現れます。これは真核細部を持った動物や植物の直接の祖先にあたる細胞です。7億年前頃から大気中の酸素の増加が始まり、酸素呼吸によってエネルギー代謝が効率的に行なわれ、酸素も食物となる植物の供給も期待できるようになり、動物の生活に好条件になりました。5億7500年前から生物は多様化を見せるようになり、現在、存在する動物の体の基礎ができあがりました。この多様化の一連で初期の無脊椎動物から魚が出現しました。やがて1億年以上あとには無脊椎動物が上陸し、最後にハ虫類の祖先である両生類が今まで生息していた海水と同じ成分を体内に封入したまま上陸し、水辺を中心に多様な進化を遂げました。つまり私たちの誕生は、海水中に居たときも上陸したときも細胞の環境（成分）は変わらないのです［2］。図1・1は人体（体液）と海水の主な構成元素の濃度を比較したものを示していますが、両者において構成元素の濃度が非常に似ていることがわかります。この似ている構成元素が、海から生命が生まれたと考えられている理由です。

余談ですが、オーストラリアの研究グループは、オーストラリア北西部のピルバラ地域にあるドレッサー累層という35億万年前の堆積岩を調べ、薄層の化石を発見したのです。当時、その場所は陸域の温泉地帯でした。約40億年前に、この水たまりに微生物が集まってきたと考えられ、ここで生命が誕生したとされています。研究グループは深海底の熱水噴出域では陸上と

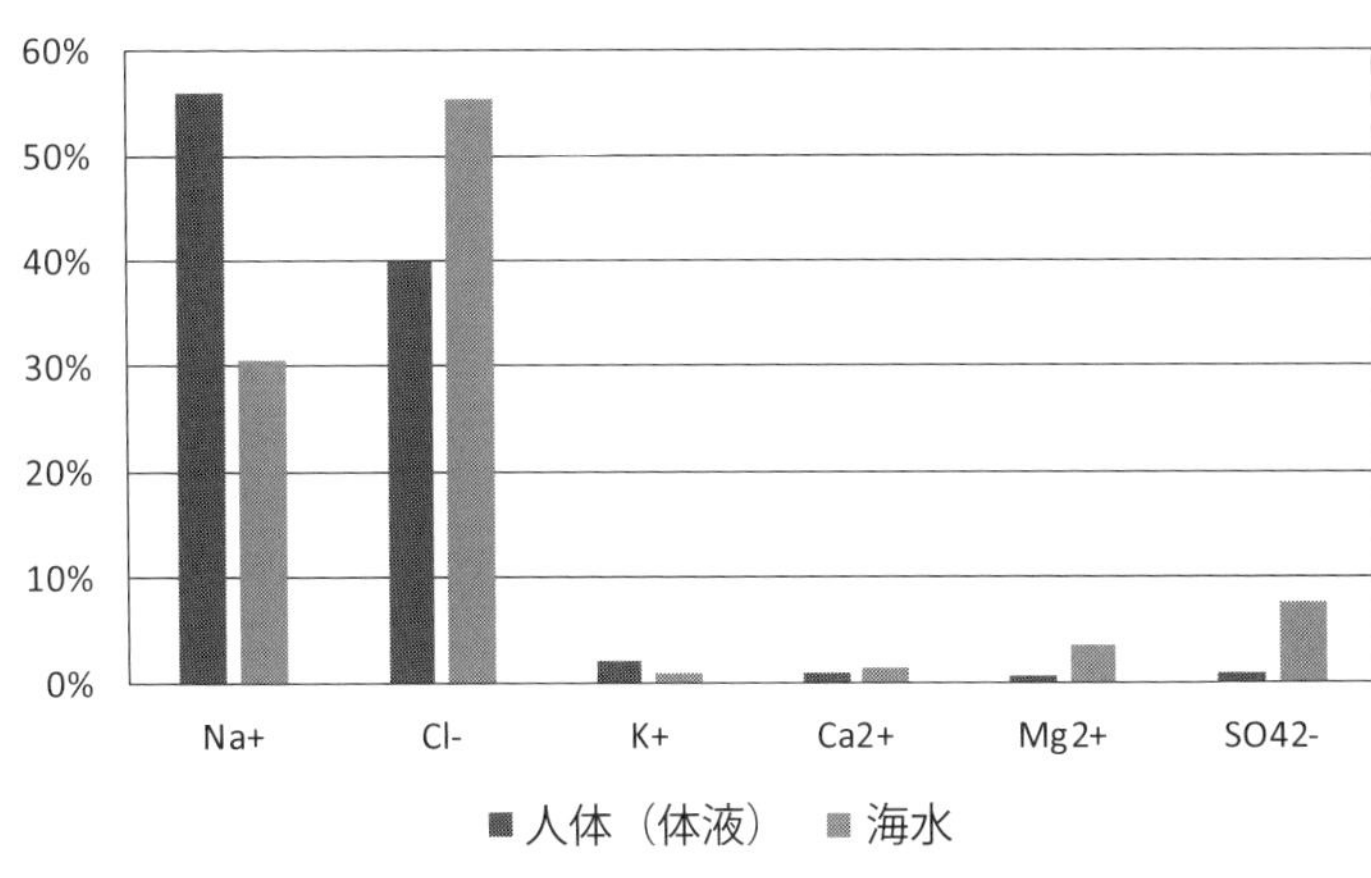

図１・１　人体（体液）と海水のミネラル濃度比較

出典：体液、海水：Wikipedia のデータを著者が改修して図式化

違って常に水が大量に存在するため、有機物が濃縮して「重合体を形成」するようなプロセスは考えにくいと主張しています［３］。確かに、一理ありますね。

食用の食塩は調味料として味つけに使われ、脱水・防腐として食品を塩浸けにすると、雑菌が繁殖するために必要な水分が少なくなり、腐敗の原因となる雑菌の働きがおさえられます。グルテン（タンパク質）の形成として、小麦粉に塩水を加えてこねるとパンが膨み、うどんにコシを出すグルテンができやすくなります。さらに、食塩は発酵を助ける役割として食品を腐敗させる雑菌の働きを抑えるため、発酵に必要な微生物を働きやすくし、粘り気や弾力を持たせる役割として魚や肉のタンパク質を水に溶けやすくし、かまぼこやハムなどの粘り気や弾力を持たせます。

食用以外にも塩は、医薬用としては生理食塩水（体液と同じ濃度の食塩水）やリンゲル液（カルシウムイオン（Ca^{2+}）やカリウムイオン（K^{+}）を加えたもので、大量出血などの場合に体液補給の目的で注射する）などの原料として使われています。道路の凍結防止として濃い塩水はマイナス20℃くらいまで凍らないため、道路に撒いて路面の凍結を防ぎます。ボイラーなどに使われるイオン交換樹脂は繰り返し使用すると性能が低下しますが、塩を使うと性能が元に戻ります。また、塩は皮製品の原料となる皮の保存やなめしに使われ、家畜用として牛などのエサに混ぜて食べさせます。また、自由に舐められるように塩のかたまりを与えます。

ソーダ工業では塩は、高温で鉄（Fe）にガラスを焼きつけるホーロー製品づくりに使われます。塩（NaCl）のナトリウム（Na）を利用して、苛性ソーダ（水酸化ナトリウム、NaOH）を作り、脂肪などの石けんの原料に混ぜて石けんを作ります。紙やレーヨンの原料であるパルプをつくるために、木材を溶かすときに使われます。また、塩はアルミニウム製品の元をつくるために、原料のボーキサイト（鉱石のひとつ）を溶かすときも使われます。調理台や調理器具の消毒に使われる薬の次亜塩素酸ナトリウム（NaOCl）の原料や、石油からできるエチレンと反応させて、プラスチックの代表的な塩化ビニール製品の原料になります。塩からソーダ灰（炭酸ナトリウム、Na_2CO_3）を作り、鉱物の石英（クォーツ、SiO_2）や石灰石（炭酸カルシウム、$CaCO_3$）と一緒に熱してガラス製品をつくります。

このように、使用される日本の1年間の塩の需要量は約８００万トンですが、家庭や飲食店などで調理などに使われる塩や食品工業で使われる食用の塩はそのうちの約10％にすぎません。残りの約90％は、食品以外の用途の道路の凍結防止、医療用、ソーダ工業などで使われています。［4］。

（2）なぜ人間は健康を害するほど塩のとりこになったのか

塩は食のおいしさも生命維持にも欠かせないものですが、摂り過ぎによる高血圧の急増が問題になり、今や「減塩」の大合唱です。「人間は健康を害するほど塩のとりこになったのか？」

人類の進化をさかのぼると、じつは私たちは、はるか大昔にほとんど塩を摂らなくても生きられる体を手に入れたことが明らかになりました。ところがその後、祖先の食生活に起きた食べ物の変化によって人類は塩の魅力にとりつかれていきます。「塩」はひとふりでどんな料理もおいしくする魔法の調味料です。しかし美味しいばかりに摂り過ぎると、動脈硬化・脳卒中・がんなどの怖い病気を招いてしまいます。それがわかっていながら、なぜ私たちは「塩の魔力」にこれほど魅了されるのでしょうか？

まず、私たちの体はどのくらいの塩の量で生きていけるのか？　世界各地に1日の塩分摂取量が1～3ｇでも生きている人たちがいます。このような人たちは、古くからの食文化が「無塩文化」で、たとえばアフリカのマサイの人たちの食生活は朝に搾った牛乳を飲み、夕方に搾ったヤギの乳を飲みます。1日に2ℓのミルクが主食です。ごくまれに肉を焼いて食べましが、塩を振っているようすはないそうです。彼らはどうやって塩分を摂っているのかというと、牛やヤギが舐めている「土」に秘密があります。エンボレイという「土」には微量の塩分が含まれていて、この土を動物たちが舐めることで塩分が体内に吸収されてミルクに溶け込みます。このミルクをマサイの人たちが飲むことで、1日にわずか2gほどの塩分を摂っています。

なぜ人間は塩のとりこになったのか、その理由は祖先たちに起きた「塩にまつわる2つの大事件」が原因になります。そのひとつは祖先たちが海から陸へ生活する場所を変えたことにあります。地球上の生命はたっぷりの海水の中で生まれて進化してきました。そして塩の主成分であるナトリウム（Na）を体に取り込んで生命維持のために使う仕組みを生み出しました。その遠い子孫である私たち人間もナトリウムなしでは生きていけません。ところが4億年前にずっと海の中で暮らしてきた祖先たちに「第1の事件」が起きます。両性類のような姿にまで進化した私たちの祖先がライバルのいない新天地である陸上へと踏み出しました。陸に上がった祖先たちは次第に海から離れた内陸へと進出していきました。2億5000年前になると祖先たちの姿はさらに進化し、乾燥した陸上で繁殖しはじめます。ところが、海の中と違って陸の上では大事な塩が不足していきました。生命活動に欠かせないナトリウムが足りなくなると祖先たちは命の危機に直面してしまいます。

そこで私たちの祖先は体の舌を進化させ、塩不足の危機を乗り切りました。それは塩味を感じる「舌」のセンサーが敏感になり、陸上に存在するわずかな塩分でも感じ取って摂取する能力を進化させました。とくに私たちの「舌」で発達しているのは「塩味を感じる細胞」です。塩を敏感に感じることができるのは、陸上で生き抜くための進化でした。私たちの祖先が陸上で進化させたもう一つの体の部分は「腎臓」で、「腎臓」の働きは老廃物をこしとって「尿」を作り、体の外へ捨てることですが、その際に体の中のナトリウムのほとんどが一旦、尿の中に出て行ってしまう仕組みになっています。そのまま大切なナトリウムが外へ捨てられるのは大変なので、私たちの「腎臓」は一旦、尿の中に出てしまったナトリウムを再び血液中に取り戻す仕組みが備わりました。この進化によって99％以上のナトリウムが血液中に取り戻され、体内には常に成人体重の０・３％から０・４％（体重60kgの場合、約２００ｇ）の塩が保たれるようになりました。１日に体から出ていく塩分は尿と汗を合わせても１・５ｇ程度です。だからマサイの人たちは１日に２ｇ程度の塩分摂取で健康を維持しているのです。

祖先たちが陸上に進出という「第1の大事件」を乗り越えて手に入れたものは、超感度の塩センサーの「舌」と体内から塩を逃がさない「腎臓」でした。この２つの武器によって祖先たちは、わずかな塩でも生きられる体へと進化しました。

人類に「第2の事件」が起きたのは8000年前で、ルーマニア人がみずからの手で大量に塩を作り、生きていく上で必要な量よりも多くの塩を摂りはじめたことです。人類古代の塩づくりは地下から湧き出る海水の塩分濃度は約3％ですが、この7倍（約20％）もの塩が含まれる湧き水を燃やした炭に振りかけて、塩の結晶を取り出しました。1万2000年前の祖先たちは穀物や野菜を大量に育てる「農耕」をはじめました。それが8000年前頃にルーマニアにも伝わりました。「農耕」をはじめたことで祖先はナトリウムを含まない穀物や野菜を多く食べるようになり、その食の変化がナトリウム不足を感じ、塩を摂らなければいけないという必要性を高めたと考えられます。さらなる問題が野菜などに多く含まれるカリウムは、人体に必要な栄養素ですが血液中に増えすぎると不整脈を引き起こし、最悪な場合は心臓が止まってしまうこともあります。そこで過剰なカリウムを体の外に捨てようとするのが「腎臓」ですが、尿の中にカリウムがたくさん流れてくると、「腎臓」はナトリウムを体内に吸収する穴を閉じてしまいます。こうして尿の中に押し戻されたナトリウムを使って余分なカリウムを体の外へ捨てる仕組みになっています。私たちの「腎臓」は必要なナトリウムを体に取り戻すことよりも過剰なカリウムを排出することを優先させました。こうした「腎臓」の仕組みがあるためにカリウムの多い農作物を食べるほど、祖先たちの体はナトリウム不足になってしまいました。そこで祖先たち人間が編み出したのがナトリウムの塊である「塩の結晶」を人工的に作り出す「製塩技術」です。ナトリウム不足を克服するための薬やサプリメントのような存在だったと考えられます。人類がさまざまな方法で多量の塩を手にするようになると塩はナトリウムを補う薬やサプリメントに留まらず、「最高の調味料」に大変身しました。

今から２５０年前、現存するイランを中心に繁栄を極めたペルシャ大国は人類の「美食文化」が華開いた時代で、すでに塩は肉や野菜などのさまざまな料理の味付けに使われはじめていました。この「塩ブーム」のきっかけは当時、この地域で大量に岩塩が採掘されはじめたことで、塩の塊がお金ほどの価値を持つようになったと考えられます。

「舌」の表面の味を感じるセンサーの「味蕾（みらい）」は約1万個あり、さまざまな味を感じる細胞ですが、どの味を感じるにも塩が重要な役割を果たしています。たとえば「甘味を感じる細胞」の表面に糖分が取り込まれると、センサーからの信号が脳に伝えられて「甘い！」と感じますが、このセンサーの中に糖分だけが触れても何も反応しないのです。糖分とナトリウムが一緒に触れたときにだけ甘みを感じる特別なセンサーがあることが最近、発見されました。この特別なセンサーで、より強く甘みを感じます。たとえばスイカに塩を振ると甘みが強くなるのは、この「舌」の仕組みにありました。同じように、うま味や脂の味などもわずかでも塩が一緒に触れると、より強く味を感じることがわかってきました。

このように私たちの祖先は、ごくわずかな塩でも探り当てる「塩センサー」として「舌」を進化させてきたのです。食べ物がどんな味のものでも、そこにわずかでも塩分が含まれていれば、取り逃がす手はありません。だからこそ、そこに少しでも塩分が伴っていれば脳がより強く刺激されて「おいしい、もっと食べろ！」と促す仕組みが備わったと考えられます。脳の報酬系の快楽の中枢に働きかけ、より強く嗜好を生むことになります。おいしさの快楽を得るためにも塩を一緒に摂らなければならないという進化のために、私たちはあらがうことはできません。だからこそ、おいしさを求めれば求めるほど塩を摂りすぎ、知らぬ間に脳が「塩のとりこ」になっていきます。4億年前から塩の乏しい陸上で生き延びようとしてきた祖先たちの格闘が、「塩なしに、おいしさを感じない」という宿命を私たちにもたらしました。

わずかな量の「塩」でも生きられる体に進化した私たちは、いくらでも塩が手に入る時代になってもなお、塩を求める本能が消えてなくなることはありません。そんな塩と人類の宿命が、「健康長寿」を目指そうとする現代の私たちに新たな課題を突きつけています。

海から陸へと生存の場を求めて進出したことで、わずかな塩でも生きられる体へと進化した私たちの祖先ですが、現代の私たちは塩分を摂りすぎて病に苦しむことになっています。人類の寿命が延び続けている今、どうすれば長く健康でいられるか。そのカギを握るのは塩かもしれません［5］。

（３）食塩中のナトリウムと微量カリウムの因果関係

万物の霊長と言われる人間もその組成からみると、60kgの体重の男性ならば、その60％（36ℓ）が水分を主成分とする体液です。

体液は細胞内液と細胞外液からなり、60％のうち40％（24ℓ）は細胞内液で、その主なプラスイオンはカリウム（K^+）とマグネシウム（Mg^{2+}）から構成され、マイナスイオンはタンパク質とリン酸（H_2PO_4）です。また、残りの20％は細胞外液で、主なプラスイオンはナトリウム（Na^+）、マイナスイオンは塩素（Cl^-）で構成されています。正常な場合、人体の細胞の中にはカリウム（K、以下省略）が多く存在し、細胞のほかにはナトリウム（Na、以下省略）が多く存在しています。この細胞内液中のカリウムは、その細胞自体の集合体である諸々の人体臓器の機能維持に重要な役割を果たしています。一方で、細胞外液のナトリウムが果たす役割も重要で、水分を引っぱる力が強大であることから、循環器系統を充足してその流通経路となり、人体中の工場にあたる全身の細胞に必要な種々の材料を運び入れ、老廃物を運び去っていく役割を果たしています。

人体のナトリウムとカリウムの保有量を測定して、ナトリウムとカリウムの比率を算出すると、正常では1以下で、カリウムの方が大きいとされています。ところが、日常、採っている食事は尿中の排泄量やナトリウムとカリウムの含有量と、その比率は表１・１に示すように、ナトリウム／カリウム比は1どころの数値ではないものが加工食品に多くあります。とくに、日本独特の獲れた魚の保存方法として塩漬けにする数の子、煮干、しらす干、塩さけなどです。また、加工食品で塩を用いた魚肉ソーセージ、ロースハム、ベーコン、バター、うどん、食パン、そば（乾麺）、ちくわぶ、味噌などは、保存ができて常備食として大変便利ですが、ナトリウム／カリウム比は1以上のとても高い数値を示す食品も多くあるようです［6］。

またベーコンやハムを作るときに、発色剤を添加することで、次の変化が起こります。①肉の赤色が鮮やかになります。②遊離アミン酸が増加して旨味と風味が増します。③ボツリヌス

（mg%）

食品名	Na	K	Na/K比
ふ	33	83	0.40
かたくり粉	7	15	0.47
だいず（乾）	4	1360	0.003
黒まめ（乾）	4	1300	0.003
あずき（乾）	4	1080	0.004
落花生（乾）	4	440	0.009
さやえんどう	4	250	0.02
そらまめ	4	236	0.02
黒ごま	24	480	0.05
白ごま	4	490	0.008
くるみ	4	400	0.01
きな粉	4	1340	0.003
みそ（辛）	5100	545	9.4
油揚げ	14	100	0.14
がんもどき	12	85	0.14
うの花	4	256	0.02
湯葉（生）	14	400	0.04
はるさめ	4	20	0.20
パセリ	26	1000	0.03
大根の葉	160	152	1.1
かぶの葉	44	216	0.20
ほうれん草	22	416	0.05
小松菜	99	252	0.39
きゃべつ	15	235	0.06
白菜（緑黄部）	14	210	0.07
白菜（白色部）	21	195	0.11
ふき	26	269	0.10
たまねぎ	8	120	0.07
長ねぎ（緑色部）	4	260	0.02
長ねぎ（白色部）	4	180	0.02

表1・1　ナトリウム・カリウムの含有量およびその比率

食品名	Na	K	Na/K比	食品名	Na	K	Na/K比
本だい	86.3	422.3	0.20	あじ干物	120.0	340	0.35
あじ	89.7	277.6	0.32	まぐろフレーク缶	840	330	2.5
たら（生）	178.3	244.4	0.73	塩ざけ	600.0	380	1.6
たら（白子）	74	164	0.45	はんぺん	100.0	175	0.57
ひらめ	163.3	291.3	0.56	さつま揚げ	105.0	200	0.53
かれい	133.4	215.1	0.62	魚肉ソーセージ	950	220	4.3
子持かれい（身）	125.7	344.1	0.37	豚肉	80	250	0.32
子持かれい（卵）	112.7	159.4	0.71	牛肉	90	245	0.37
いしもち	181.7	387.1	0.47	鶏肉	70	250	0.28
きす	142.6	158.4	0.90	ロースハム	1900	400	4.8
かじきまぐろ（切身）	71.3	453.6	0.16	ベーコン	775	219	3.5
ぶり	74.8	367.5	0.20	鶏卵	102	98	1.0
かつお	104.7	312.8	0.33	うずら卵	71	89	0.80
さけ（生）	169.1	320.6	0.53	牛乳	26	160	0.16
さば		264		脱脂粉乳	45	2150	0.02
にしん		336		バター	560	15	37.3
さんま	48	280	0.17	玄米	4	112	0.04
こはだ	125	256	0.49	白米	5	115	0.04
いわし	78	252	0.31	小麦粉	4	130	0.03
かき	380	260	1.5	押麦	5	140	0.04
はまぐり	83	221	0.38	マカロニ	10	115	0.09
しじみ	26	48	0.54	スパゲィティ	4	95	0.04
いか	123	280	0.44	そうめん	106.0	119	0.89
えび	133	172	0.77	うどん	17	5	3.4
かずのこ	550.0	85	6.5	食パン	600	85	7.1
たらこ	362.0	119	3.0	そば（乾）	975	168	5.8
削り節	112.5	844	0.13	そば（茹）	90	30	3.0
煮干し	210.0	110.0	1.9	中華そば（蒸）	49	260	0.19
帆立貝柱	320.0	820	0.39	中華そば（茹）	80	80	1.00
しらす干し	430.0	225	1.9	ちくわぶ	560	150	3.7

出典：1976年4月1日初版　裕文社刊　病態栄養学「食事療法の理論」

菌が繁殖できにくくなります。発色剤と呼ばれている添加物は亜硝酸ナトリウム（$NaNO_2$）、硝酸ナトリウム（$NaNO_3$）、硝酸カリウム（KNO_3）の3つで、右記のような効果が期待されます。発色剤自身には色はなく、着色するものではありません。亜硝酸ナトリウムとタンパク質が分解してできたジメチルアミン（$(CH_3)_2NH$）が化学反応を起こし、発がん性物質であるジメチルニトロソアミン（$C_6H_6N_2O$）を生成するといわれています。そのため、その使用量は厳しく決められています。

発色剤を使っていない無塩せきベーコンやハムのパッケージの裏面には、「加熱して食べることが望ましい」旨が必ず書いてあります。これは、ボツリヌス菌が出す毒が熱に弱く、加熱することで無毒化することが出来るためで、発色剤の入っていない製品はボツリヌス菌に対する抵抗力を持たないので、加熱して…と言うわけです。健康志向で無添加塩を選ぶと、かえって危険にさらされるとはなんとも皮肉なはなしです。

（4）漬物は東北地方で補う野菜不足

日本の冷寒地の東北地方を始めとした農村に住む人々では、冬場の野菜不足を補うために漬物として保存し、食事でも濃い味の食べ物を好んで食べているようで、ナトリウム／カリウム比は6と大きい値です。この数値は、都会に住む人々でも4倍程度で、正常値の1以下をはるかに超えるものとなっています。現代人のナトリウム摂取量は、まるでナトリウム慢性中毒患者のようで、ナトリウム＝食塩の過剰摂取は高血圧発症の極めて重要な環境因子です。ただし、人々は食塩を過剰摂取する傾向にありますが、盛んに減塩を唱える人々も多くいます。

健康な人の食事で食塩の摂取量を徐々に増やしていくと、1日に3g位から急に血圧が上がり始め、しばらくして横ばいになります。そして、1日に10g位からは、また徐々に血圧が徐々に上がっていく人と、あるいは急激に高くなる人がいます。日本人でも食塩に対して血圧が敏感に反応する人とそうではない人がいるようです。一方、高血圧患者に食塩を多量に摂らせると、血圧が顕著に上がる人、そう上がらない人とに分かれるようで、あまり上がらない人というのは、他の因子が強くて高血圧になっているか、あるいは既に食塩に関して飽和している状態にあると思われます。結局、食塩の摂取量と血圧は深い関係があるとはいえ、食塩の摂取量を制限すれば、すぐに血圧が下がるわけではなく、また、食塩を摂るとすぐに血圧が上がる人ばかりではないのが難しいところだと言われています。

ただし、最近、非常に関心が高まっている「下の血圧」の重要性は、食塩の摂取量と明らかに密接に関わっているようです。「下の血圧は」、毛細血管（半径10㎛、厚さ10㎛位の細さ）の圧力のことで、この毛細血管が脳卒中の際に出血したり、詰まったりするのがこの血管です。食塩を摂り過ぎて体内に溜まると、やがて水を溜めて血液量が増えます。その一部が毛細血管の壁内に入り込むため、血管は内側に厚くなり内壁が狭くなります。それでもなお、循環する血液量が多いため、血管が破損してコレステロールが入り込む状態になります。このように血液量が増え、血管の内壁が狭くなってしまいます。この血管壁にはナトリウムが入り込み、代わりにカリウムが排出される状態は高血圧エマージェンシィ（高血圧緊急状態）と言われる病態で、患者自身は目がチカチカして動悸もひどく、吐き気がする状態になります。

食塩の過剰が原因と思われる高血圧の患者には、増えた血液を減らし、血管壁のむくみを取る作用のある降圧利尿剤の投薬が必要になります。ただし、その場合の問題は、利尿剤によって血管壁に入り込んだナトリウムを追い出しますが、同時にカリウムまでもが排出されてしまいます［6］。

私事ですが、昨年（2019年）、会社の夏季休暇を利用して、バスツアーで西日本方面を5泊6日で巡って来ました。岐阜県の妻籠宿、鳥取県の鳥取砂丘、島根県の足立美術館や出雲大社、広島県の原爆ドームや厳島神社、岡山県の倉敷美観地区、兵庫県の姫路城や神戸・北野地区の異人館、京都府の天橋立、下鴨神社や嵐山などを巡る全食付きのツアーでした。

毎日の食事はご当地の御馳走ばかりで、食べることが大好きな私は、ほぼ残すことなく食べていました。そんな旅行中の私の「下の血圧」は、85mmHg以上の危険ラインになっていました。旅行から帰り、通常の食事量に戻ったせいか、「下の血圧」は80mmHg以下になって、とても安心しました。普段食べている食事量よりも旅行中の食事量が多く、塩分を摂り過ぎていたようです。

旅行先は真夏の西日本でしたので、毎日が体温に近い35℃以上で蒸し暑くはありましたが、私の体調は普段通りでした。ところが、自分ではわからないうちに塩分の摂り過ぎで毛細血管に影響していたことに愕然としました。腹八分目は、大切な心構えであることを改めて痛感しました。

このような文明社会に暮らす人に比べて、食塩を非常にわずかしか摂らない人種が世界のあちらこちらで発見されているそうです。この人々はみな一様に血圧が低く、加齢と共に上昇することはないそうです。その中でも、ごく最近に発見されましたブラジルとベネズエラの国境の山中に住むヤノマミ族は、海から遠い所に住んでいるため、特に塩を摂りにくい環境で暮らしています。この人々を研究したところ、食塩は１日に０・１g以下しか摂っていませんが、カリウムに関しましては、４倍も多く摂っていることが明らかになりました。このヤノマミ族は、カリウムを多く含むバナナを主食として、木の実、川魚、野草を食べているため、カリウムを多く摂取していますが、食塩の摂取量が少ないため、血圧を高くする要因のナトリウムの摂取量が少ないので、ナトリウムを溜めて血圧を上げる系統が非常に興奮しやすくなって血圧を上げますが、この種族の人々の血圧は高くならないそうです。

昔の日本人は、食料を塩漬けにして保存した保存食といえば塩蔵でした。今日の寒地の農家でさえも冷凍冷蔵庫を持ち、食料の冷凍保存することが普及されています。しかし、味付けだけは変わらず、旧来のようにまだまだ濃すぎる傾向にあるようです。また、日本の東北地方以上に北の寒地に住みながら、エスキモーの血圧が低いのは食塩摂取が少ないからだそうです。残念なことに最近では、アメリカ文明によって塩が持ち込まれることにより、高血圧症の患者が多く見られるようになったそうです。

病院などで実施される点滴は、水に電解質のナトリウムとカリウムを補充しているもので、栄養素として糖質とアミン酸を混合した液体です。この点滴の成分は用途によって異なり、痛みに対する麻酔薬や感染に対しての抗生物質以上に脱水症などには大きな効果を持ちます。このことからも体液バランスが人間にとって大変重要で、それによる人間の持つ自然治癒力が偉大であるかを示すものです。

血液の量は、体内の塩分と密着な関係があります。体内の塩分が増えると水分が溜まり、これによって血液量が増えます。これは塩分だけが溜まったのでは血液は濃くなり、浸透圧が上昇して細胞から水が引っぱり出され、細胞が干乾びてしまいます。逆に、血液が薄くなると浸透圧は下がり、細胞の中へ水が入って行き、機能が低下します。つまりは血液の量によって血液の濃度を一定に調整しているのです。そして、この調整は食塩の摂取量と生体内の塩分を溜める働きをするアルドステロンというホルモンの出方と、このホルモンによって腎臓がどのように反応するかによって決まります。

健康な人に水だけを飲ませた場合、体液は一時的に増えて薄くなりますが、すぐに薄い尿がたくさん出て、元の体液濃度に戻ります。ところが、体液濃度と同じ生理食塩水を飲ませると尿の量に変化はありませんが、生体の反応は遅くなり、体液の量がなかなか戻らない状態になります。

日本の食塩は生活必需品として歴史的にも重要な位置づけがなされてきました。日本専売公社（現在の日本たばこ産業）の統轄下のもと、精製食塩を安価で販売してきました。しかし、健康食品の1品目として挙げられてきているものには減塩をうたったものがいくつかあり、国産品や輸入品も含めれば相当な数があります。これらの一連の食品には、食塩の代わりに塩化カリウム（KCl）やリンゴ酸カリウムなどを用いています。これらのグラム単価は、精製食塩の50倍にもなりますが、その効果はわかりません。

また、場合によっては、カリウムの過剰摂取によって、人体への悪影響をもたらす結果となることもあります。長年、ナトリウム量を減少し、カリウム量を増加した減塩食品を摂取していますと、年をとって血圧が高く、腎臓機能が思わしくない患者さんは、血清カリウム値が高まり、心臓がやられてしまう恐れもあるそうです。

日本人のカリウム摂取量が低いのは、人種による特性ではなく、食生活が大きく関係しているのです。日本食は野菜を多く使っていますが、漬物は塩を多く使い、野菜の煮物は塩分の多い醤油で煮ます。野菜を茹でるときにも色合いをよくするために食塩を使いますので、食塩中のナトリウムが加わり、水溶性のカリウムは逃げてしまいます。そのうえ、消化器疾患の人は、摂取量自体が少なく嘔吐や下痢などによって吸収されにくいのです。

さらに、食塩の摂取量が多いために血圧が高くなった人は、必要以上に利尿剤を投薬することによって、カリウムを失うという副作用が出てしまいます。さらにはナトリウムに比べて、カリウムへの関心は国民的にまだまだ低いという現実もカリウム低摂取の一因となっていると言えます。

カリウム不足が植物に与える影響は大きく、例えば、ブドウの収穫前の7月初めからカリウムのみを欠乏させた肥料を与えた結果、葉が末梢から枯れていき、甘味も全く入らないものになります。これは、植物でも動物でも甘味を得るためには、グルコースが細胞に入るときにカリウムが必要となるためです。

また、大豆はわが国では「畑の肉」と呼ばれ、アミノ酸などの重要な供給源ですが、この大豆にカリウム欠乏の肥料を与えた結果、萎びてしまい、豆腐などうまく作れません。桃は大変傷みやすい果実ですが、カリウム欠乏にすると、甘味が全然ないうえ、カビが生えて売りものになりません。このような結果からも植物の生育には極めて重要なカリウムですが、地産と肥料によって影響を受けますので、そのカリウム量は必ずしも一定ではありません。

ここで、余分な塩分を排出する成分のカリウム、カルシウム、水溶性食物繊維を多く含む食材を表１・２に紹介させていただきます。

カリウムを多く含む食材は、ヤノマミ族の主食でもあるバナナ、オレンジジュース、ほうれん草、トマトやキュウリなどです。カルシウムを多く含む食材は、厚揚げ、牛乳、ししゃも、ヨーグルトや水菜などです。水溶性食物繊維を多く含む食材は、アボカド、納豆、さつまいも、そばなどです。どれも朝食や昼食に食べる食材が多いようです。

次に、体に良い食塩の効果を紹介させて頂きます。

肌に良いにがり塩は、塩の結晶を海水で溶かし、その海水を煮詰めて作られます。にがりは海のミネラルで、これを濃縮したマグネシウムを摂取すると、肌の水分量が増えるのでシワなどを防ぐ働きが期待できます。ただし、日本の水は軟水なのでマグネシウムが摂れないため、にがり塩を使うと良いでしょう。にがり塩はクセのないまろやかな味が特徴です。

血管に良い抹茶塩は、抹茶と食塩をブレンドしたものです。大量の汗をかくと血管内の水分が不足し、詰まりやすくなります。抹茶塩に含まれる抹茶のカテキンには、抗酸化作用があり、血管を守る働きが期待できますので、動脈硬化、血管が気になる人にお奨めです。

表1・2　余分な塩分を排出する成分を多く含む食材

食品名	成分	含有量
バナナ	カリウム（K）	150g（1本）当たり、540mg
オレンジジュース		200ml（コップ1杯）当たり、360mg
ほうれん草		70g（1/3束）当たり、340mg
トマト		100g当たり、210mg
きょうり		100g（1本）当たり、200mg
厚揚げ	カルシウム（Ca）	128g（1枚）当たり、300mg
牛乳		200ml（コップ1杯）当たり、220mg
ししゃも		36g（3匹）当たり、140mg
ヨーグルト		100g（1カップ）当たり、120mg
水菜		50g（1/4束）当たり、100mg
アボカド	水溶性食物繊維	100g（1個）当たり、1.8g
納豆		50g（1パック）当たり、1.2g
さつまいも		100g（1/3個）当たり、1.1g
そば		200g（大盛り）当たり、1.0g
なめこ		50g当たり、0.6g

出典：テレビ朝日「林修の今でしょ講座」放送

腸に良いのは、古墳時代後期からつくられてきた藻塩で、現代では海水のミネラルに海藻の成分を合わせてつくられています。かん水（塩分濃度を約7倍にした海水）に、海藻エキスを注出して作られます。ホンダワラなどの海藻は、水溶性食物繊維が豊富で、腸内細胞のエサになり、腸内の善玉菌を活性化しますので、腸内環境改善に期待ができます。特に、便秘などの悩みのある方にお奨めです。

これらのような多種多様の食塩の塩味は、塩化ナトリウム固有の味ですが、同じ塩でも粒の大きさが違うと舌で溶けるまでの時間に差が出ます（粒が大きいと溶ける時間は遅く、粒が小さいと溶ける時間は早くなります）ので、味の感じ方が異なります。また、にがりの量や個人の味覚、体調などのさまざまな条件によって感じ方も異なります。

　ここで、食塩に関する記述として、長生きの秘訣「養生十訓」について記載させていただきます［６］。私自身も日頃から心掛けたい項目ばかりです。

一、少肉多菜　肉を食べ過ぎるとコレステロールや尿酸が多くなります。それよりも野菜を多く食べるとカリウムも摂れて便通も良くなり、大腸の病気が少なくなります。

二、少糖多果　砂糖の摂り過ぎは、中性脂肪が増え、歯も痛みます。それよりもカリウムの多いバナナなどの果物を摂りなさい。

三、少塩多酢　食塩は少なめに、酢は多めに摂りなさい。

四、少食多齟　腹も身のうちです。腹八分目にして満腹感を得るためには、よく噛み、胃腸の負担を減らしましょう。

五、少衣多浴　普段から薄着に慣れ、よくお風呂に入りなさい。

六、少車多歩　人間は万物の霊長といえども動物ですから、自ら歩くのが原則です。

七、少煩多眠　体も適度に動かすことを前提に作られているので、歩かなければいけません。あまり煩わしいことは考えず、よく寝ることです。寝れば神経の疲労も取れてストレス緩和になります。

八、少念多笑　あまり怨念を持たずに笑って過ごしましょう。笑いは百薬の長です。

九、少言多聞　他人のことをいろいろ言うと、それが周り廻って、恨みを買うことにもなりかねません。それよりもむしろ愚痴を聞いてあげるようにしなさい。

十、少欲多施　子孫へ財産を残しても争いなどが起きて、ろくなことはありません。いっそう、慈善事業や学術研究に寄附する方がよろしいです。

（5）　食塩と病気の因果関係

私たち人間は発汗により体温を調節していますので、暑い夏場の時期は他の季節に比べて汗をたくさんかきます。これは体温を下げるためです。汗をかいて体内の水分が不足すると体温が上昇し、のどが渇きます。汗の成分は99％が水分で、1％が電解質のナトリウム、カリウムや鉄などです。汗で失ってしまった塩分の量は約0・3％で1ℓの汗を掻いたときの塩分の量は約3ｇになります。この汗で失った塩分を補充する簡便な方法は、市販のスポーツドリンクの「ポカリスエット」や「アクエリアス」、経口補水液の「OS-1」を喉が渇く前にゆっくり、こまめに飲むことです。しかし良いといっても糖質が結構多いので、糖尿病の患者は、補水量には注意が必要です。

体内のナトリウムが不足すると、細胞内や骨に蓄えられていたナトリウムが血液、リンパ液、胃液などの消化液に放出されます。このときに、体内の水分量も減少することから血液量も少なくなり、脳への酸素供給が減少して、めまい、ふらつきなどが起きます。

また塩分の摂取量が不足すると、体内の塩分濃度が低くなることから、血液や消化液が少なくなります。このことで消化液の減少で消化できる食物量も少なくなるため、だんだん食欲がなくなります。そして、食事量が減るため、栄養摂取量も少なくなり、体がだるくなって、脱力感が生じます。

スポーツや汗を大量にかく仕事をしている人は、尿と一緒に塩分も排出され、体内の塩分濃度は低下します。このとき、水分だけを補充しても塩分の補充が十分ではないと、体は低い塩分濃度に合わせるため、更に水分を排出してしまいます。結果として、脱水症や熱中症などが発症すると同時に、筋肉からもナトリウムが奪われるため、けいれん発作を起こします。

また水を大量に飲んで、体内の塩分濃度が一気に下がると神経伝達が正常に働かなくなり、昏睡状態が続き、刺激に対する反応が極度に鈍くなって嗜眠（しみん）（睡眠を続け、強い刺激を与えなければ目覚めて反応しない状態）や意識障害が生じます。体内の減塩が進むと高血圧励起、心筋梗塞危険率の上昇、糖尿病の悪化、交感神経緊張と代謝の低下、免疫能の低下や癌の危険性が上昇します。逆に、体内の増塩が進むと血圧上昇、高血圧、心肥大、動脈硬化、心不全、心筋梗塞、脳卒中、腎不全、腎結石、骨粗鬆症（こつそそうしょう）、胃がん（塩分が多い環境では、ピロリ菌が増殖しやすいため）、喘息などの病気が発症します［6］。

（6）日本の塩づくりの歴史

1．日本の塩づくりの特徴

日本は岩塩などの塩の資源に恵まれていませんので、海水から塩をつくってきました。四方が海に囲まれているので簡単では…と思われがちですが、実はとても大変なことなのです。なぜなら、海水の塩分濃度はたったの3％です。また、日本は多雨多湿なので、海水は天日だけでは塩にならず、たくさんのエネルギーを使って煮詰めて塩の結晶を取り出しています。

広い土地を持ち、海水を陸に引き込んで1～2年放っておけば塩の結晶が採れる諸外国とは異なり、日本ではたった30gの塩をつくるにも1ℓ近い水分を蒸発させなくてはならず、多くのコストがかかってしまいます。そのため、海水をそのまま煮詰めるのではなく、いったん濃い塩水のかん水に濃縮してから、そのかん水を煮詰めて塩の結晶を取り出す効率の良い塩づくりが行われてきました。この海水を濃縮して、それを煮詰めるという2つのプロセスからなる日本独特の製塩法は、技術的には大きな進歩を遂げていますが、原理は大昔から変わりありません［4］。

2. 製塩技術の変遷

日本においても地域によって製塩法の違いが見られ、一概にこの通りとはいえませんが、大昔から先人たちは、海水中のわずか3％しか含まない塩をつくるために色々な工夫を凝らしてきました。その歴史と苦労を紹介させていただきます。

古くは縄文・弥生時代から直煮（じかに）製塩がおこなわれ、海水を煮詰めて水分を蒸発させる最も原始的な製塩法でした。出土された弥生時代の製塩土器の形は海水が沸騰しても外側にこぼれないように、口縁（蓋が付いていない器の一番上にある縁の部分の周辺）を内縁に丸めてつくられており、底の形も熱効率のよい形になっています。しかし、煮詰める途中で土器が割れることもあったようで、塩づくりは簡単ではなかったようです。

古墳時代後期からは海藻を利用する藻塩焼きとよばれる方法が行われ、海に生えているホンダワラなどの海藻を積み重ねて海水をその上からかけては乾かし、焼いた後に釜に入れ水を加えてその上澄みを煮詰めた製塩法です。この製塩法は乾燥しにくく、燃えにくい海藻を扱うため、この時代でも少しの量しか取れなかったようです。やがて砂を利用してかん水を採取して煮詰める方法に移行しました。初めは海浜の自然のままの砂面で濃縮を行なう自然浜で行われ、8世紀ごろには、この方法による相当な規模の塩産地が存在したことが知られています。

この藻塩焼きは、万葉集などに「藻塩焼く」などと表現されているところから、こう呼ばれています。その実態は明らかではなく、「藻を焼き、その灰を海水で固めて灰塩をつくる→灰塩に海水を注ぎ、濃い塩水のかん水を採る→藻を積み重ねて上から海水を注ぎ、かん水を得てこれを煮詰めるなど」の諸説があります。その中でも藻を海水の濃縮工程（海水の付いた藻を天日に干し、その上から海水を注いで表面に析出した塩を海水で溶かす）に利用したものとする説が有力です。宮城県の御釜（おかま）神社では、毎年7月に「藻塩焼神事」が行われ、その製塩法を現在に伝えています（図1・2参照）。

鎌倉時代末期には、濃縮池に溝や畦畔（けいはん）（水田に流水させて用水が外へもれないように、水田を囲んでつくった盛土などの部分のこと）などがつくられるようになり、塩田の形態が整ってきました。塩田は原料の海水の補給方式によって、揚浜と入浜に分けられます。

揚浜式塩田（あげはましきえんでん）はかん水をとるための装置で、塩田は海面より高いところの地面を平坦にならし、粘土で固めてできていて、人力で海水を汲み上げて塩田地盤に砂にかけ、太陽熱と風で水分を蒸発させ、砂に塩分を付着させます。砂が乾いたら沼井（ぬい）（かん水の注出装置）に集めて海水で洗い、かん水をつくります。天候の悪い日や冬場は作業せず、春から秋口にかけておこなわれ

図１・２　藻塩焼きのかん水を採るようす
出典：公益財団法人「塩事業センター」ホームページ

たとても重労働な作業でした（図１・３、写真１・１参照）。現在でも能登半島の珠洲（すず）市では石川県の無形文化財および世界農業遺産として２０１１（平成23）年に登録され、この製塩法が人力によって行われています。ちなみに、２０１５（平成27）年にＮＨＫの朝の連続テレビ小説「まれ」で、この揚浜式塩田（あげはましきえんでん）の作業風景が放映されました。

かん水を煮詰める作業は塩釜が一般的に用いられ、貝殻（かいがら）粉末を海水で練り、石灰粘土として使用してつくった土釜（貝釜、図１・４参照）、竹かごに石灰と砂の粘土を両面に塗りつけてつくったあじろ釜（図１・５参照）、土器から発達した形で、釜の底に石を敷きつめてその隙間を漆喰で埋めてつくった石釜（図１・６参照）などでした。

江戸時代初期には気候、地形などの立地条件に恵まれた瀬戸内海沿岸を中心に開発された入浜式塩田が普及発達し、「十州塩田」（製塩の中心地が瀬戸内海周辺の10ヶ国だったため、このように呼ばれた）が成立しました。入浜式

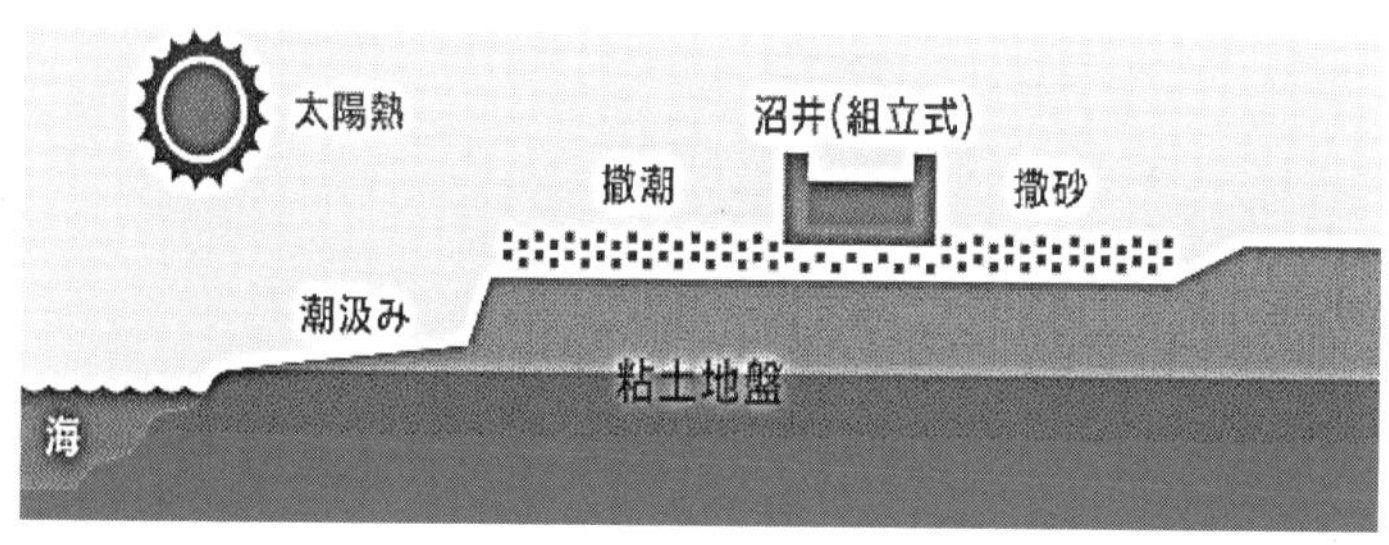

図1・3　揚浜式塩田の作業工程

出典：公益財団法人「塩事業センター」ホームページ

写真1・1　揚浜式塩田の作業風景

出典：公益財団法人「塩事業センター」ホームページ

塩田と鉄釜（平釜）によって構成されたこの方法は、近代に至るまで変わりません。

この入浜式塩田はかん水を採るための装置で、揚浜式塩田との違いは人力で海水を汲み上げることをしないで、塩の干潮の差を利用して海水を引き入れる毛細管現象（ごく細い管を液体中に立てると、管内の液面が管外の液面より高くまたは低くなる現象）によって砂層上部に海水を供給し、太陽熱と風で水分を蒸発させ、砂に塩分を付着させます。この砂を沼井に集めて海水をかけてかん水を採ります。この方法は潮の干潮差を利用した画期的な方法で、17世紀半ばに瀬戸内海沿岸で開発されて

図1・4　塩釜の土釜（貝釜）
出典：公益財団法人「塩事業センター」ホームページ

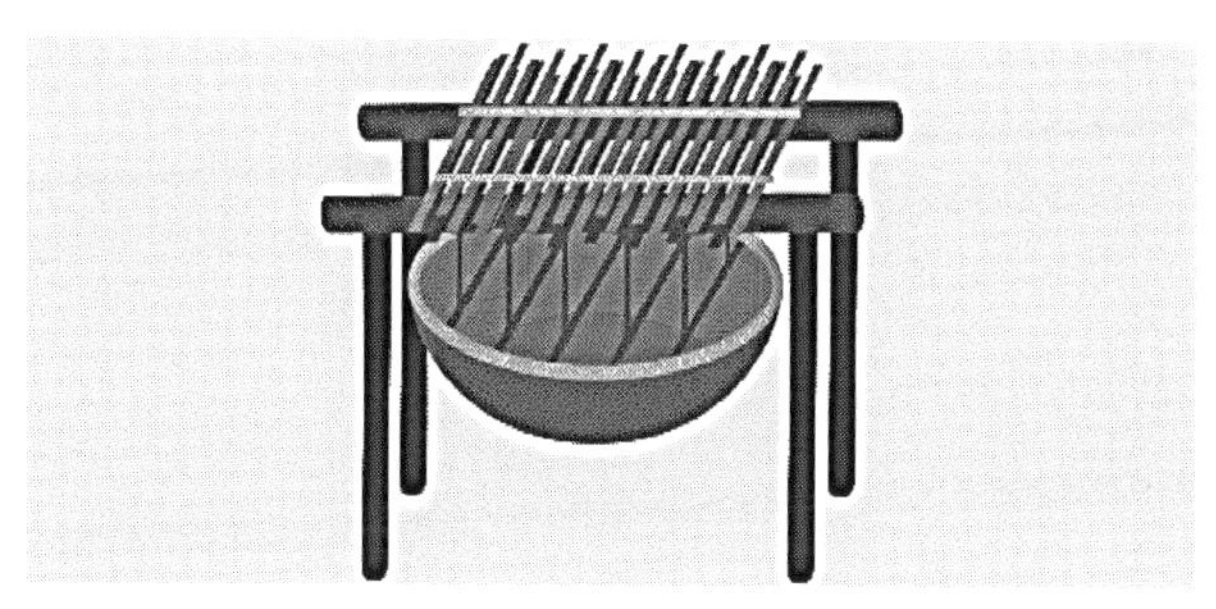

図1・5　塩釜のあじろ釜
出典：公益財団法人「塩事業センター」ホームページ

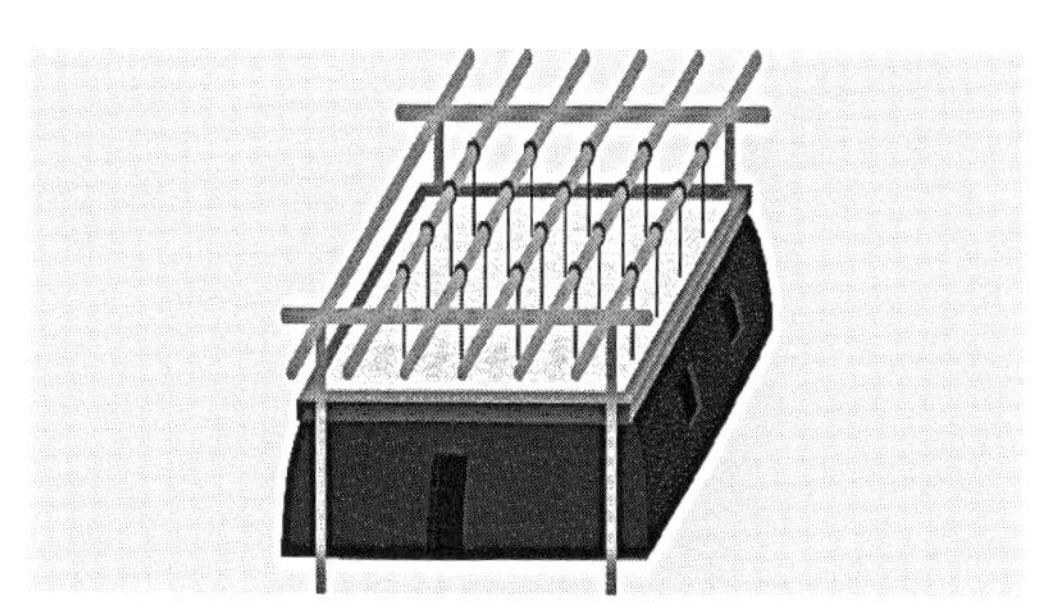

図1・6　塩釜の石釜
出典：公益財団法人「塩事業センター」ホームページ

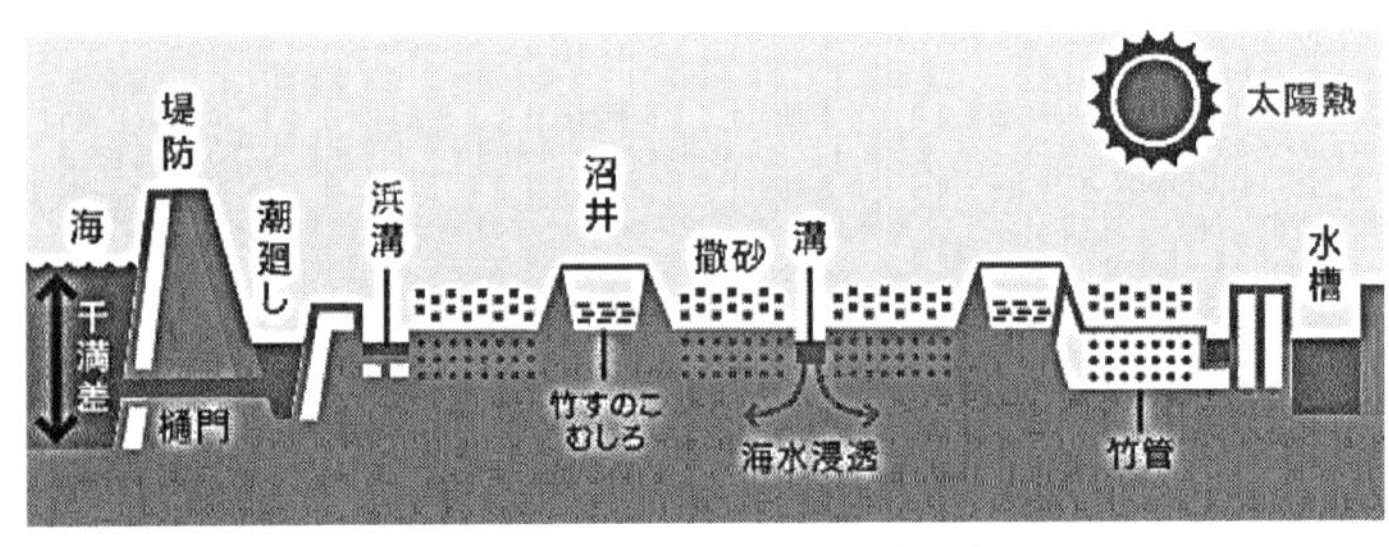

図1・7　入浜式塩田の作業工程
出典：公益財団法人「塩事業センター」ホームページ

から1955年代まで続きました（図1・7参照）。

また、鉄釜（平釜）は、かん水を温める余熱釜で、従来の塩釜より生産性が高かったため急速に普及し、大正末期には瀬戸内海沿岸の塩田のほとんどがこのタイプの鉄釜（平釜）になりました（写真1・2、図1・8参照）。しかし、このかん水を採る作業は、まだまだ重労働で、気候に左右される製法でした。

昭和のはじめからは、鉄釜（平釜）に替わって蒸気使用式塩釜、立釜が導入され、まず、煮詰め工程に革命が起こりました。蒸気利用式塩釜はヨーロッパの密閉式塩釜を参考に開発が進められ、1922（大正11）年に完成しました。この後、汁がなくなるまで煮つめる煎傚（せんこう）部門は協業化され、産業組合の形式で運営されるようになりました。構造は結晶釜を密閉型として、そこで発生した蒸気を余熱釜の熱源として利用しました（写真1・3、図1・9参照）。

1931（昭和6）年には真空式による最初の立釜（真空式煎熬（しんくうしきせんごう））缶）の工場が完成・成功し、現在の形のものは1945年代末ご

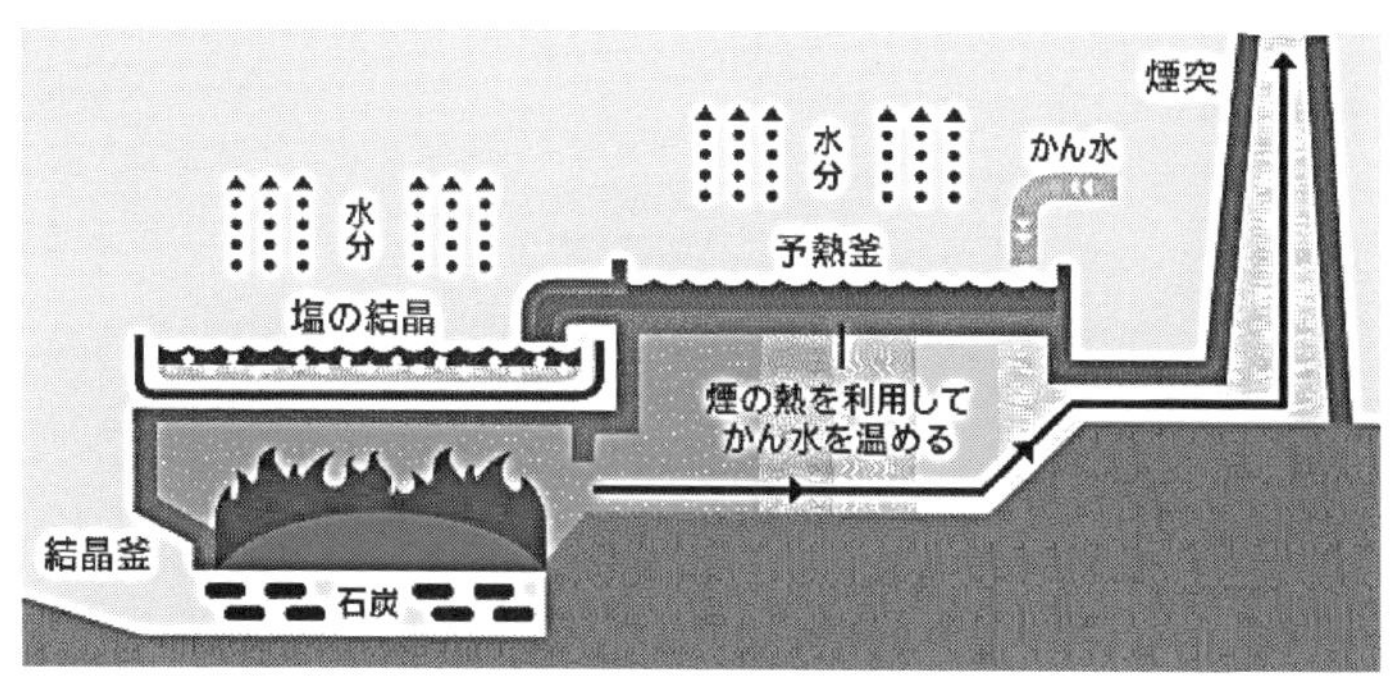

図1・8　鉄釜（平釜）の作業工程
出典：公益財団法人「塩事業センター」ホームページ

写真1・2　鉄釜（平釜）の作業風景
出典：公益財団法人「塩事業センター」ホームページ

ろより普及しました。これにより、従来の釜焚き肉体労働は、装置の監視、操作を主とする監視作業に変わりました。この構造は、釜の中の気圧を下げると沸点が下がる性質を利用して、各釜の蒸発蒸気を次の釜の熱源として順次（3〜4回）使用します（図1・10参照）。従来の鉄釜（平釜）による煎熬に比べ、燃料の使用量が2分の1以下になり、高効率に操業できるようになりました。

1952（昭和27）年から1959（昭和34）年にかけては、入浜式塩田から転換された流下式塩田が導入されま

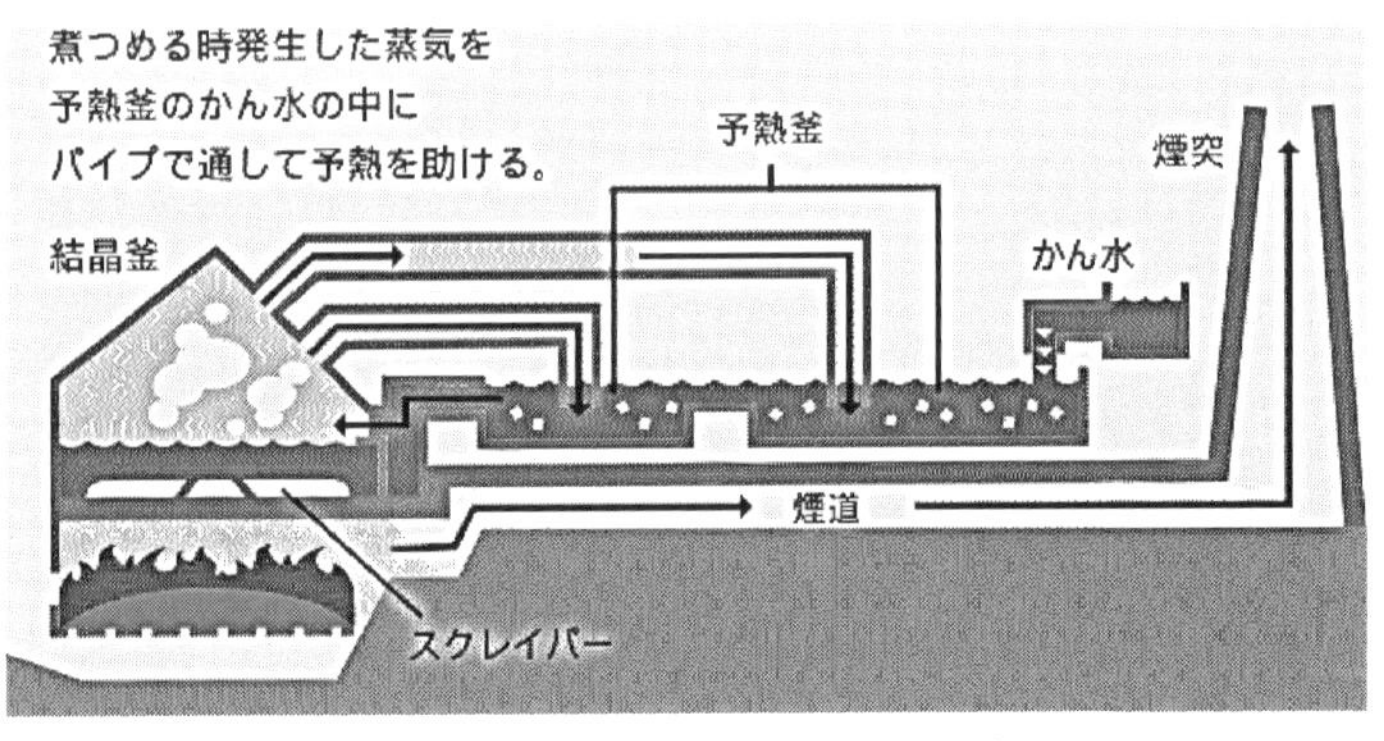

図1・9　蒸気利用式塩釜の作業工程
出典：公益財団法人「塩事業センター」ホームページ

写真1・3　蒸気利用式塩釜の（左）結晶釜、（右）予熱釜
出典：公益財団法人「塩事業センター」ホームページ

した。これは地盤に傾斜をつけ、その上に粘土またはビニールを敷き、さらに小砂利を敷いた下流盤と柱に竹の小枝を階段状につるした枝条架は、高さ5～6メートル、幅8～10m、長さ100mからなる大きな装置にポンプで海水を汲み揚げ、第1流下盤・第2流下盤・枝条架の順に流して、太陽熱と風で水分を蒸発させました（写真1・4、図1・11参照）。これを何度も繰り返すことで海水が濃縮されます。枝条架は海水を竹の枝に沿って薄膜状に落下させ、風によって水を蒸発させますので、年間を通して採かん

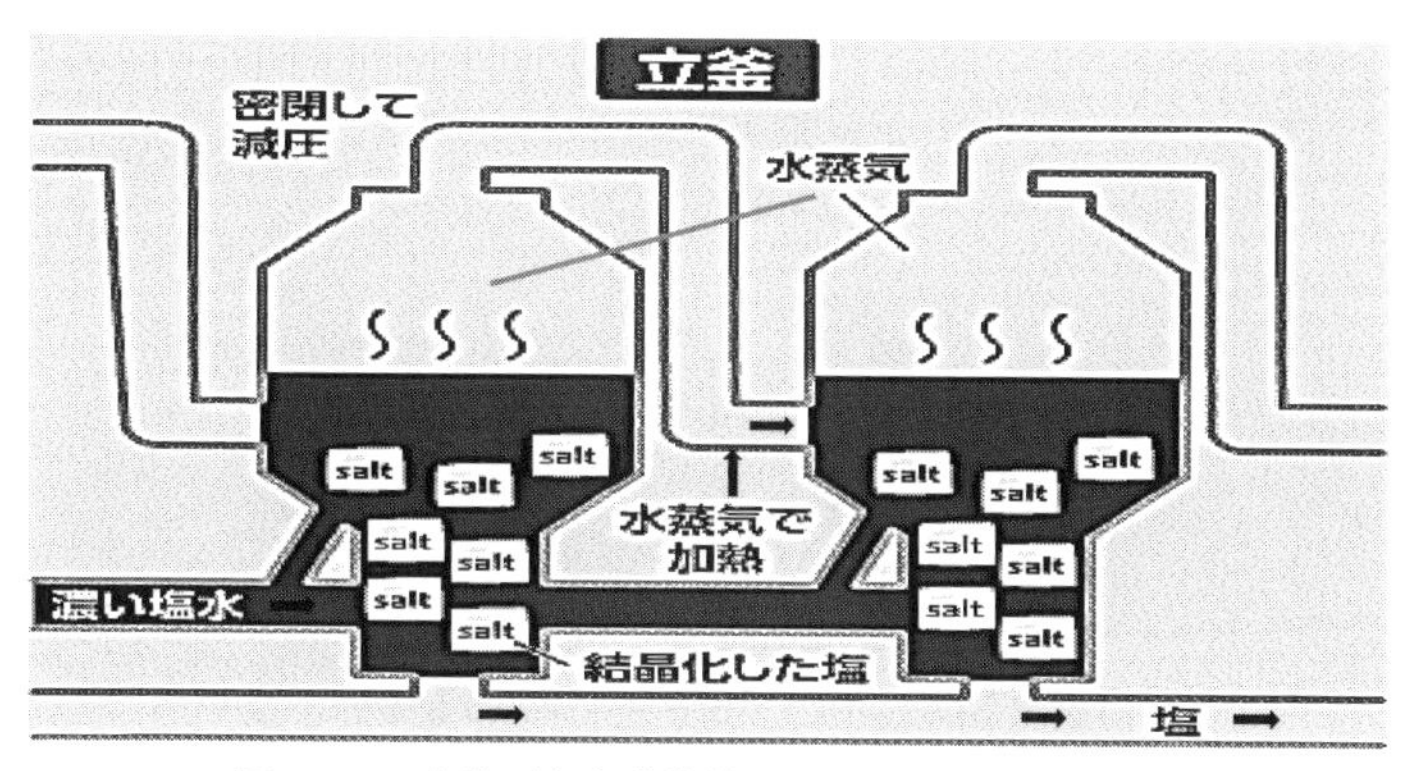

図１·10　立釜（真空式煎傲せんごう缶）の作業工程
出典：公益財団法人「塩事業センター」ホームページ

が可能になりました。また、入浜式塩田のように砂を運ぶこともなく、海水を自然に移動させて下流させるだけなので、労働力が大幅に軽減されたのです。

１９７７（昭和52）年４月以降は、従来の水分を蒸発・除去する方法から海水中の塩分を集めるイオン膜が導入され、全面的にこの方式に切り換えられました。塩田が海水の水分を蒸発・除去する方法に対して、イオン膜は塩が水中でナトリウムイオン（Na^{+}、以下省略）と塩化物イオン（Cl^{-}、以下省略）に分かれて存在していることに着目し、イオンの性質を利用して海水中の塩分を集める方法が完成しました（図１・12参照）。このイオン膜の原理は、装置の両端に電極を置き、プラスイオンだけを通すプラスイオン膜と、マイナスイオンだけを通すマイナスイオン膜を交互に並べています。次に海水を流し、両端の電荷から電流を流すと、プラスの電極を帯びたナトリウムイオン、マグネシウムイオン（Mg^{2+}）、カルシ

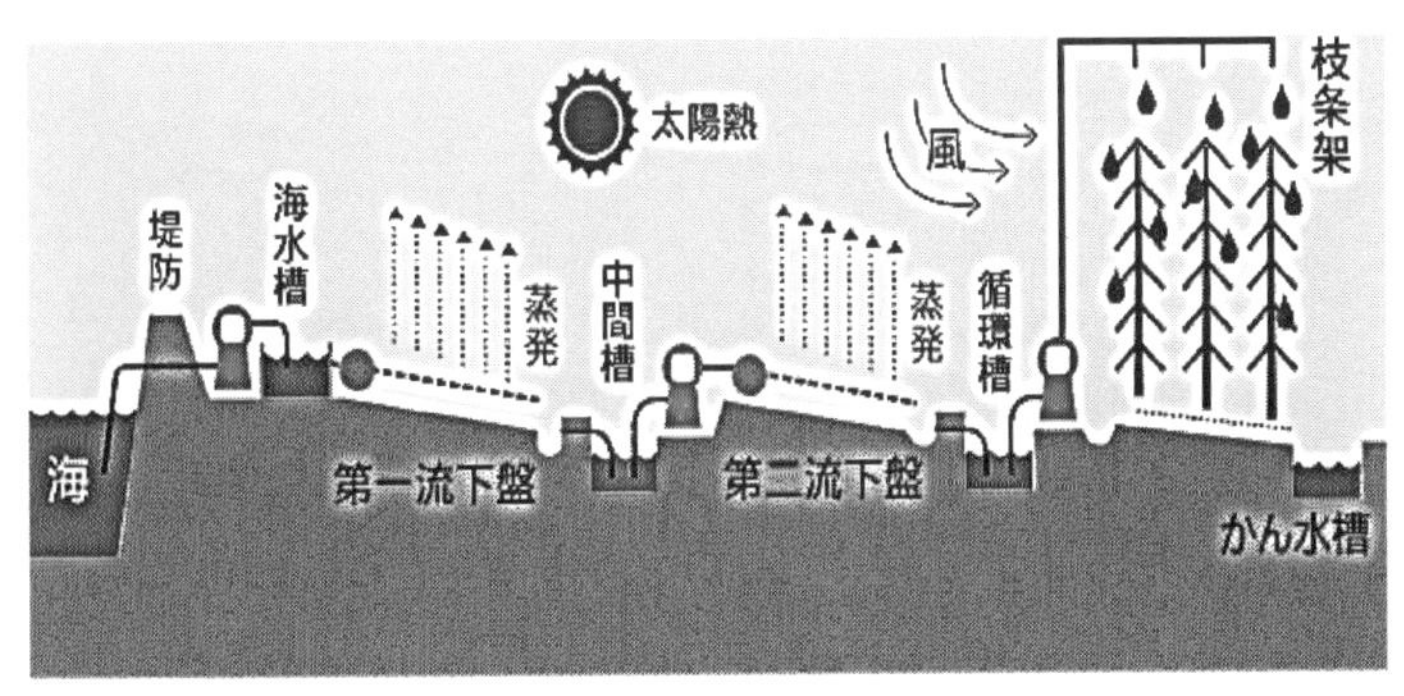

図1·11　流下式塩田の作業工程
出典：公益財団法人「塩事業センター」ホームページ

写真1·４　流下式塩田
出典：公益財団法人「塩事業センター」ホームページ

ウムイオン（Ca^{2+}）、カリウムイオン（K^{+}）などはマイナス極に、マイナスイオンの電極を帯びた塩化物イオン、硫化物イオン（SO_4^{2-}）などはプラス極に向かって移動します。この移動しようとすると、プラスイオンはマイナスイオン膜によって遮断され、マイナスイオンはマイナスイオン膜によって遮断されるので、膜と膜との間にかん水（塩分濃度15～20％）と希釈海水（塩分濃度約２％）が交互にできます。また、かん水は煮詰めるために立釜に送られ、希釈海水は海へ戻されます。

この方法は１９４５年代に研究が開発され、１９５５年

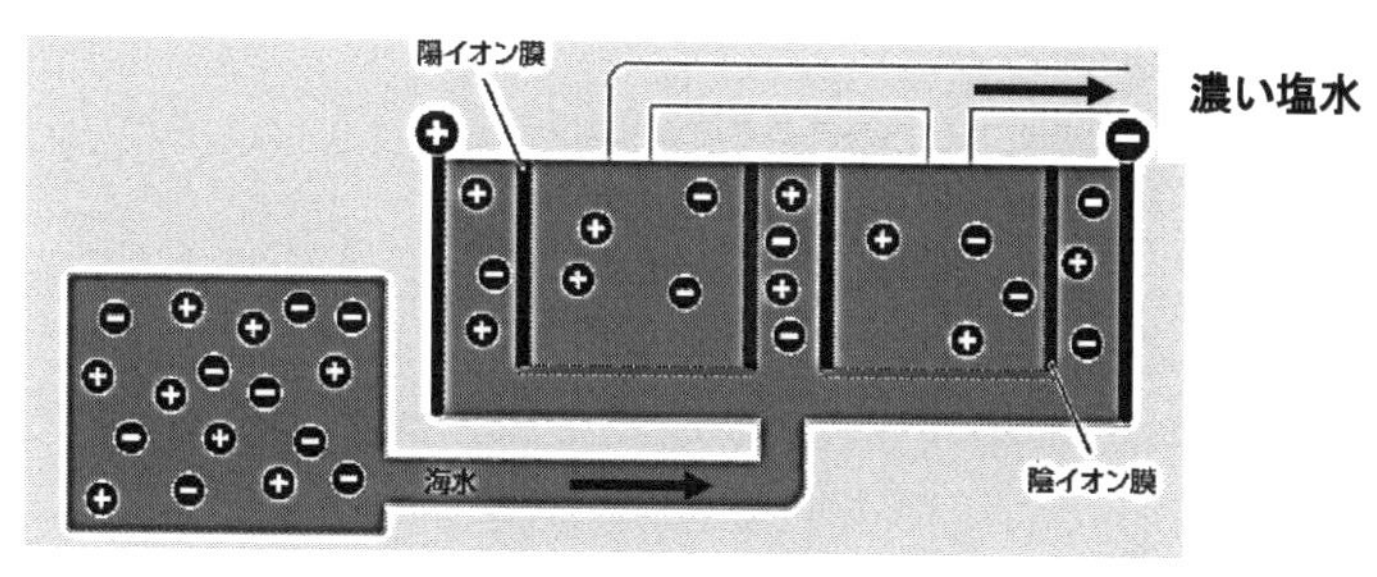

図１･12　イオン膜の作業工程
出典：公益財団法人「塩事業センター」ホームページ

代に入って試験導入されました。塩田に比べ、天候に支配されることなく土地生産性、労働生産性が格段に優れた方法です。

イオン膜は、１００万分の１～２㎜の小孔が開いている厚さ０・１～０・２㎜の特殊な膜で、陽イオンだけを通す膜と陰イオンだけを通す膜があります。製塩用途以外にも医薬用水（注射液など）や、海水からの飲用水（海洋深層水など）の製造をはじめ、乳幼児用の粉ミルクや減塩醤油の脱塩処理、果汁からの酸味の除去、医薬品や食品の製造などに幅広く使われています。この製塩法は、日本人が長年培った塩づくりに対する英知の結集といえるでしょう。また、１９０５（明治38）年に施行されて以来、92年間続いた専売法が１９９７（平成９）年４月に廃止され、新たに塩事業法が施行されました。これによって塩製造者が増え、現在ではさまざまな方法で塩づくりが行われています［４］。

3．塩の生産性の変遷

このような日本人のたゆまぬ努力により、塩の生産性は飛躍的に向上しました。現代では、1955年ごろに比べて30倍以上も塩の生産ができ、だれでもが質の良い塩を安価で手に入れることが可能になりました［4］。

（7）食塩の品質と安全性

明治頃から外国からの安価な塩が輸入されるようになり、このままでは生活に欠かせない塩を国内でつくり続けることが難しくなりました。また当時は、塩の価格も時期や場所によって大きな変動がありました。そこで、1905（明治38）年からは塩を作ったり、売ったりすることを管理する専売制度が設けられ、塩がいつどこでも安く手に入るようにすること、食用の塩を国内で安定的に作られ、さらに日本の塩づくりを発展させることを目的に作られてきました。このような目的がおおよそ達成されましたので、塩の専売制度は1997（平成9）年に廃止されたのです。専売制度廃止後は都市部のスーパーマーケットなどの小売マーケットの市場環境が大きく変化し、供給も小規模の地場産業として塩生産者が多数躍動し、世界中からの珍しさを求めた塩商品が輸入され、高価格商品が数多く販売されるようになり、商品数も増えています。

このような市場の働きに伴い市場競争は激化し、商品の表示に対しても過激なものが多くなっています。２００３（平成15）年には、東京都から消費者の意見を集約して、商品表示の正当化を求める「指導文書」が出されました。塩販売制の廃止に当たって、表示や品質規格などについて全く基準がない状態で自由化され、それを協議すべき業界の団体もない状態であったことから業界の有志9社が集まり、「家庭用塩表示検討懇談会」を発足し、塩の表示の適正化への活動を開始しました。また、東京都でも「家庭用塩表示検討会」が発足し、表示の適正化についての検討を開始しました。公益財団法人・塩事業センターは、それまでに培われた技術や研究成果などを引き継ぎ、塩づくりなどに関する研究開発や、塩に関する情報発信などを行う機関です。また、財務大臣の指定を受け、家庭や飲食店などで使われる生活用の塩については、全国どこでも手に入れることができるように販売も行っています。また、災害時などで塩が不足することがないように、全国各地に塩を備蓄している機関でもあります。日本には食用の塩についての公的な品質規格はありませんが、世界には、食品の公的な国際貿易と消費者の健康の保護を目的とした〈コーデックス委員会〉が食品全般における国際規格を制定しており、食用の塩についても含有量の規格を定めています。

また、塩事業センターでは、商品の安全性を担保するため、品質規格のほか、原材料や作業環境などを含め、製造工程全般に関する製造基準を設定し、これを満たした工程で製造した商品のみを提供しています。また、食用の塩には消費者が正しく商品を選ぶことができるように、また安心して塩を求められるような表示ルール「食用塩の表示に関する公正協議規約」を策定しました。このルールにしたがった正しい表示をしている商品には、青地に「公正」と「しお」の文字の入ったマーク（図１・13参照）がついています［４］。

図１・13　塩の公正マーク
出典：公益財団法人「塩事業センター」ホームページ

（8）色々な食塩のＸＲＤ法による比較

1．瀬戸のほんじお

この塩は、岡山県の瀬戸内海の海水をイオン交換膜法でかん水を作り、真空式の密閉釜（立釜）で水分を蒸発させた商品で、スーパーマーケットなどでも目にします。

江戸時代後期の１８２９（文政12）年に、塩業創立者・野崎武左衛門は、岡山県倉敷市児島に入浜式塩田を築造しました。これが、日本の塩づくりの中核となりました。その後、１９４４（昭和19）年には、ポンプで海水をくみ上げる下流式塩田を全国に先駆けて導入しました。さらに、１９６９（昭和44）年からは、より効率的にかん水を作る膜濃縮製塩法を取り入れ、これまでより少ない労力で、生産量を大幅に増やすことができるようになりました。野崎家では、今も創業当時と同じ地で１８０年間、伝統を守りながらも改良を重ね、時代と共に進化してきた塩づくりを続けています。

この瀬戸のほんじおを顆粒状のまま、ＸＲＤ測定（集中法と平行ビーム法）を行い、検出された主成分の塩化ナトリウム（NaCl、以下省略）の面指数（２００）の回折ピークを集中法と、平行ビーム法を比較したものを図１・14（１）に示します。この結果、集中法の回折ピークは文献値よりも低角度側に検出され、ピーク形状はシャープで、２本に分かれたました。また、平行ビーム法の回折ピークは、文献値とほぼ同じ位置に検出され、ピーク形状は１本でした。ただし、光学系の分解能の関係で、平行ビーム法ではピークの半値幅が広く、$K\alpha_2$のピークを含んだピーク形状になります。これらのことから、顆粒状のままで測定する場合は、平行ビーム法が有効であることがわかります。

また、瀬戸のほんじおに含まれる微量成分を確認するためにメノウ乳鉢で粉砕し、ＸＲＤ測定（集中法）を行い、定性分析（物質の同定）した結果を図１・14（２）に示します。この結果、主成分の塩化ナトリウム以外に、塩化カリウム（KCl）が確認されました。この微量成分は海水の成分で、私たちは最もまろやかさを感じる成分です。

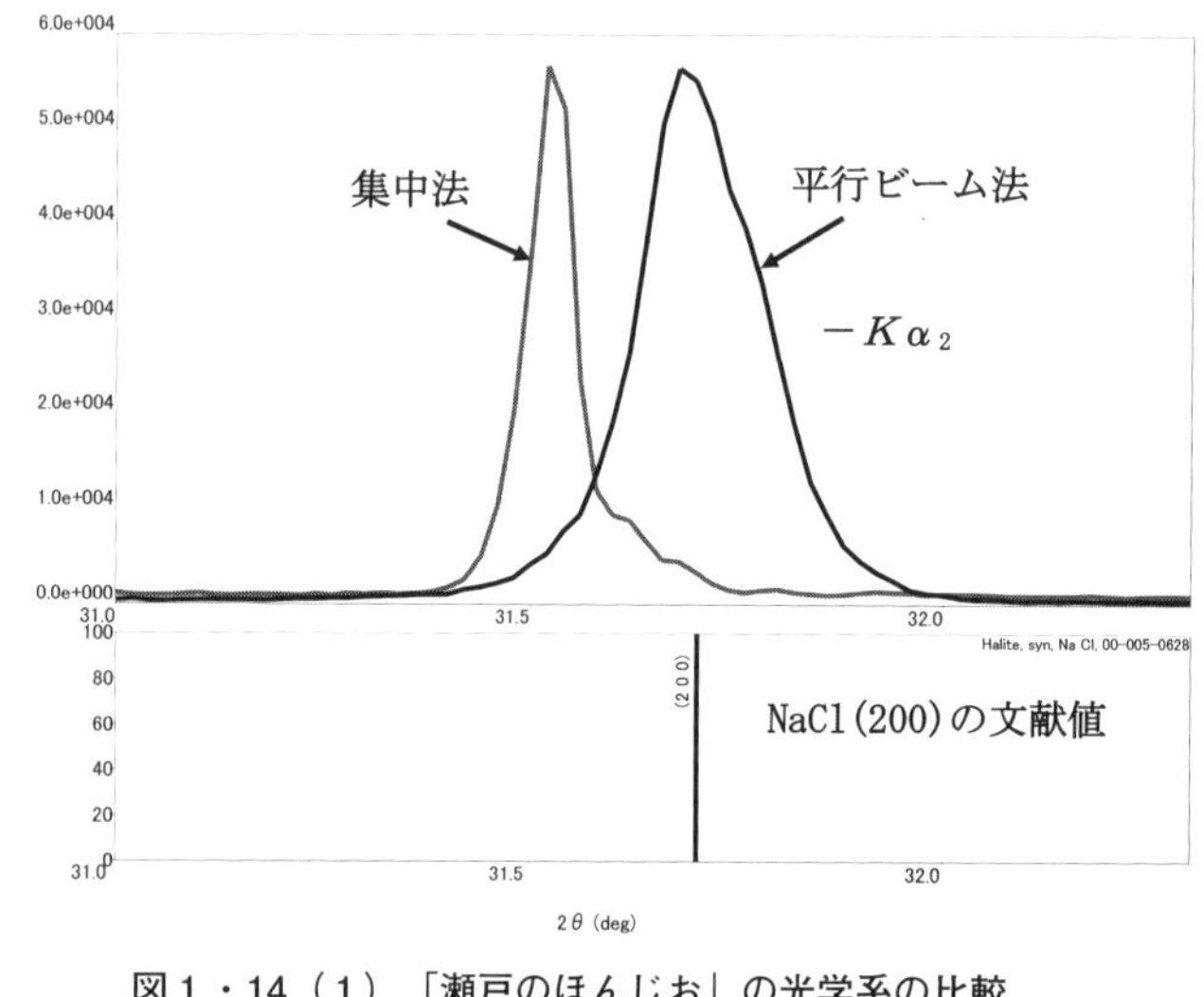

図1・14（1）「瀬戸のほんじお」の光学系の比較

2. 竹塩（9回焼き、韓国産）

この塩は、隣国の韓国で朝鮮王朝時代の1300余年ほど前に、寺の僧侶たちによって秘伝の方法で作られ、現在でも民間療法として使われています。当時、竹と塩に漢方的薬性を加えるために黄土を加え、松で火を焚いて焼き上げる製法で、最高9回焼きの竹塩は、3か月もの日数を掛けて作られ、高価なもので希少でした。現代では、天日自然海塩を詰め込んだ竹筒に黄土で蓋をし、熱源として松の木をくべながら800~1400℃で高温焼成処理して作られています。天日塩の場合、多量元素の塩化物（塩素、非金属元素）が60%近くありますが、高温焼成処理によって気化（ガス化）し、重量は3分の1になります。そのうえ手間暇もかかるため、韓国でもかな

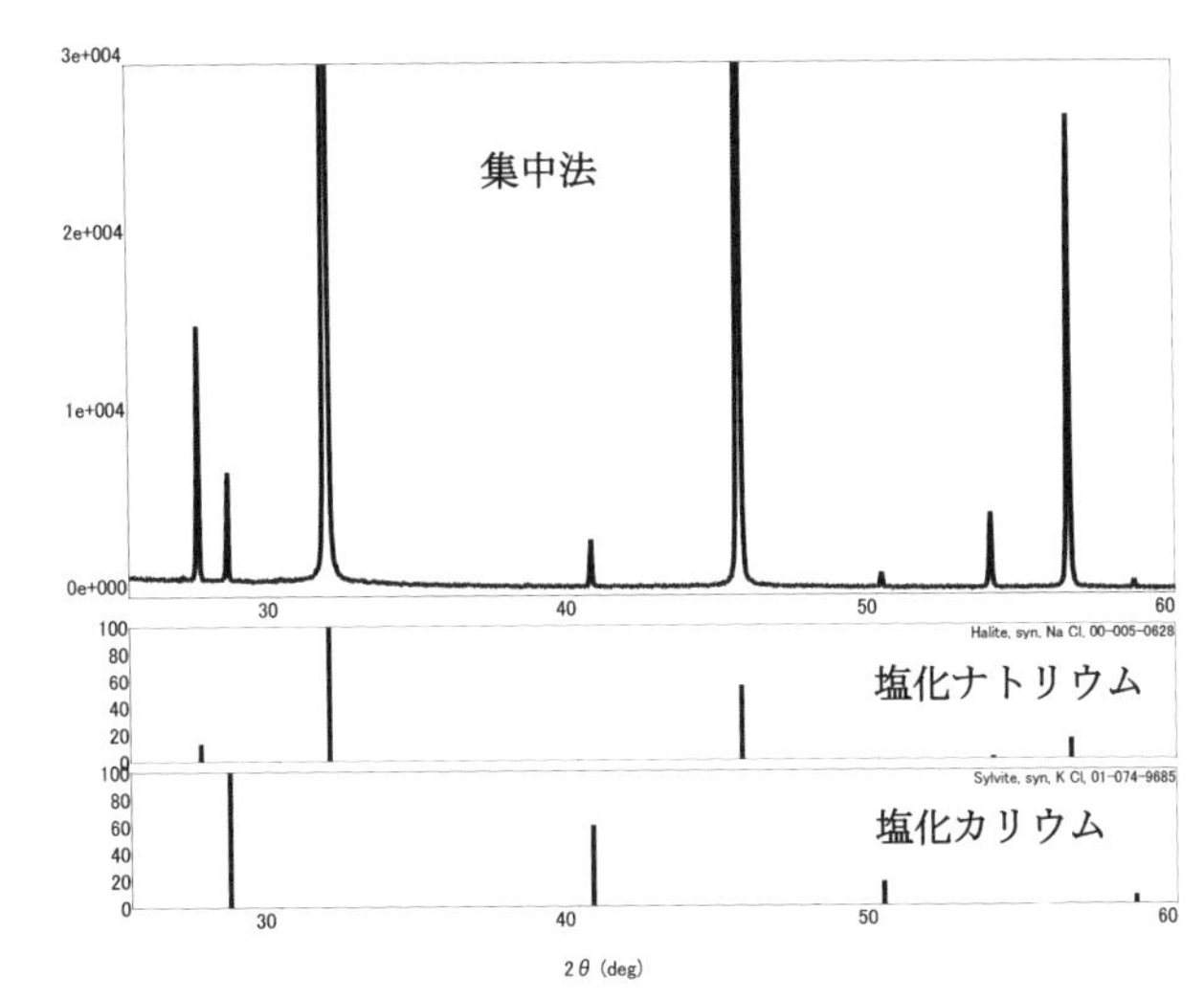

図1・14（2）「瀬戸のほんじお」の同定解析結果

り高価な塩になっています。また、使用される竹や黄土は還元性があるため、還元性の高い塩が作られます。この高温焼成処理を1回、3回、最高回数9回と繰り返し焼成した商品が販売されています。この還元塩の竹塩は、韓国では昔から食塩の概念では捉えられていません。体調が思わしくないとか、お酒を飲み過ぎて悪酔いしたとか、病み上がりで体力がないときなど、体調の回復に用いられるようです。とても機能性の高い、薬理効果の高い塩として位置づけられています。

この竹塩を顆粒状のまま、XRD測定（集中法と平行ビーム法）を行い、検出された主成分の塩化ナトリウムの面指数（200）の回折ピークを集中法と、平行ビーム法で比較したものを図1・15（1）に示します。この

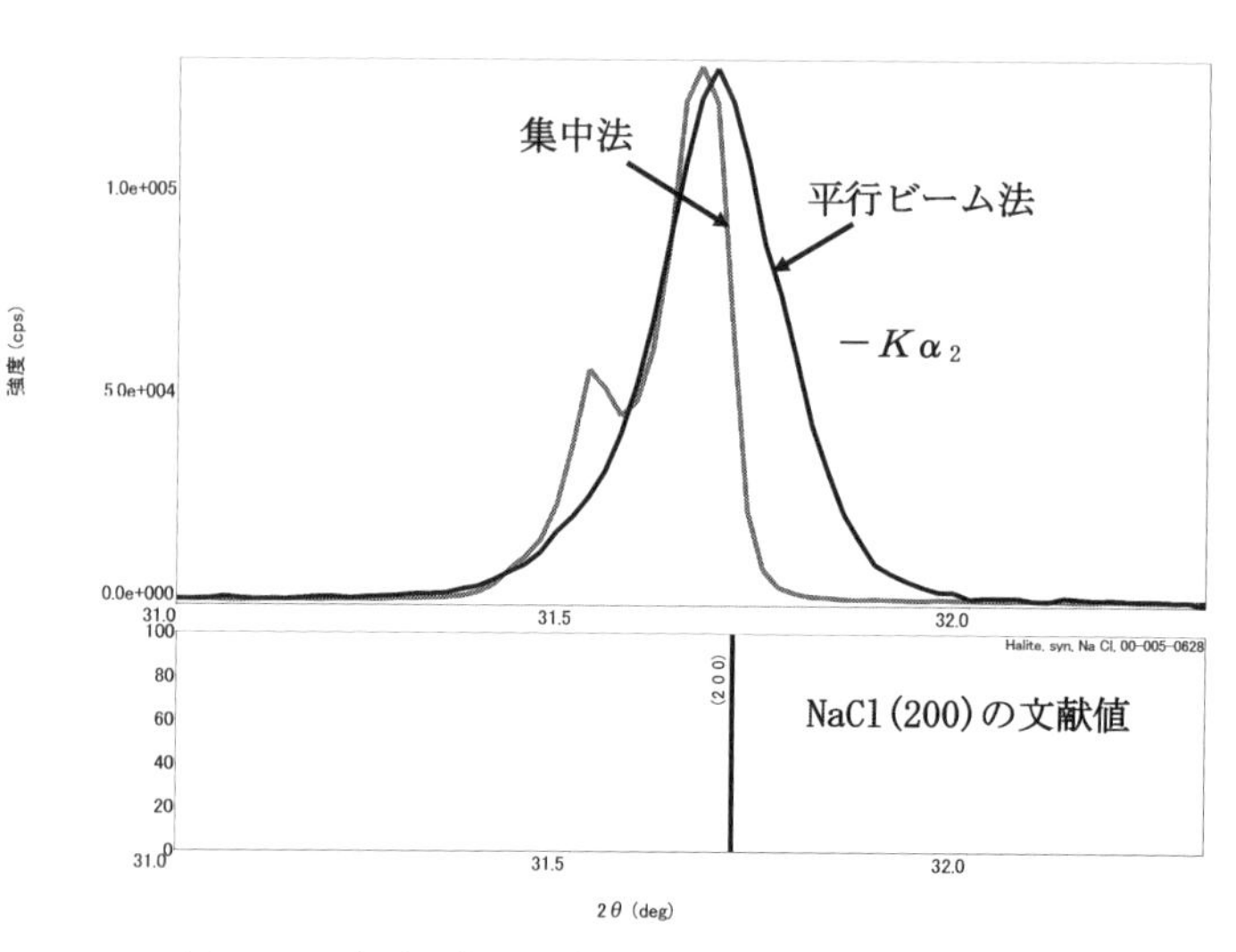

図1・15（1）「竹塩（9回焼き)」の光学系の比較

結果、集中法、平行ビーム法ともに回折ピークは文献値とほぼ同じ位置に検出されました。また、集中法のピーク形状はシャープで、2本に分かれました。

また、平行ビーム法のピーク形状は1本でした。このことから、顆粒状のままで測定する場合は、平行ビーム法が有効であることがわかります。

また、竹塩に含まれる微量成分を確認するためにメノウ乳鉢で粉砕し、XRD測定（集中法）を行い、定性分析（物質の同定）の結果を図1・15（2）に示します。この結果、主成分の塩化ナトリウム以外に、酸化マグネシウム（MgO、以下省略）が確認されました。この微量成分は海水のにがり成分で、生体にとってはなくてはならない5大栄養素の

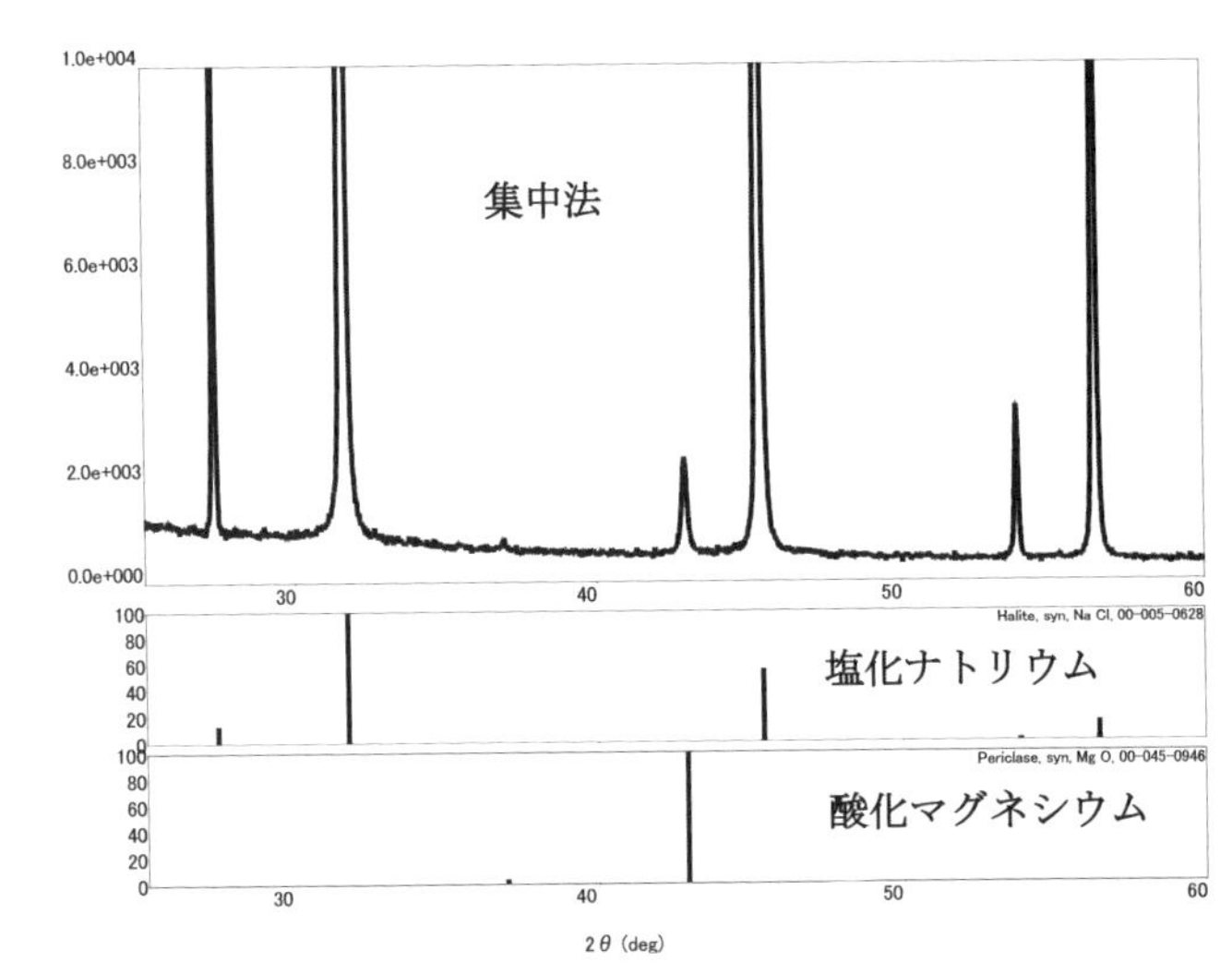

図１・15（２）「竹塩（９回焼き）」の同定解析結果

一つのミネラル成分です。また便秘薬などにも使われている成分です。通常に販売されている食塩と比べてみますと、大きな違いは酸化マグネシウムの有無でした。

３．伯方（はかた）の塩

１９７１（昭和46）年に、「塩業近代化臨時措置法」の成立で、永年、親しんできた塩田が全面的になくなり、塩の含有量が99％以上の過精製塩（イオン交換膜製塩）の化学工業的な製法による塩が出回ることになりました。それに対し、不安感を抱いた愛媛県松山市在住の消費者であった有志たちが塩田を残すために、「自然塩保存運動」を起こしました。１口10万円の無担保、無保証、無期限の塩による出世払いということで出資を募ったところ、

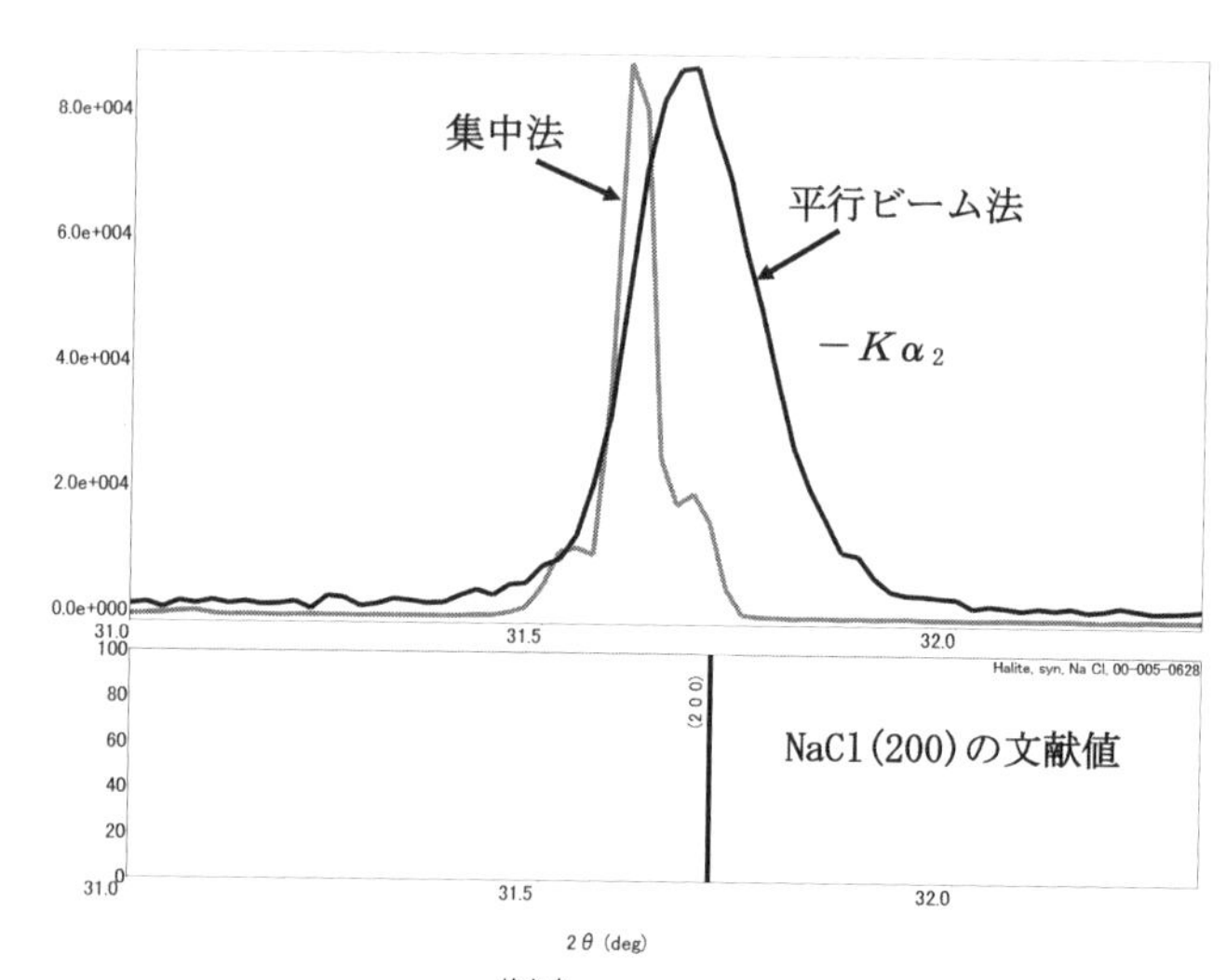

図１・16（1）「伯方（はかた）の塩」の光学系の比較

たちまち50億円もの大金が寄せられたという草の根運動で支えられたものでした。この伯方の塩は塩の危機を訴え、塩田の復活を願って、短期間に5万人もの署名を集めた各地の消費者・団体の無償の活動から生み出されたものです。名前の伯方（はかた）とは、愛媛県今治（いまばり）市の瀬戸内海にある伯方島の名前が由来で、発売当初は知名度も低く、この塩の名前も読めない人が多かったようですが、今ではコマーシャルでも放送され、スーパーマーケットでも良く目にする商品になりました。製塩法は、メキシコまたはオーストラリアの天日塩田塩を日本の海水に溶かして、ろ過した後のきれいな塩水を原料として流下式塩田法によって、にがり成分をほどよく残した塩です。

この伯方の塩を顆粒状のまま、ＸＲＤ測定

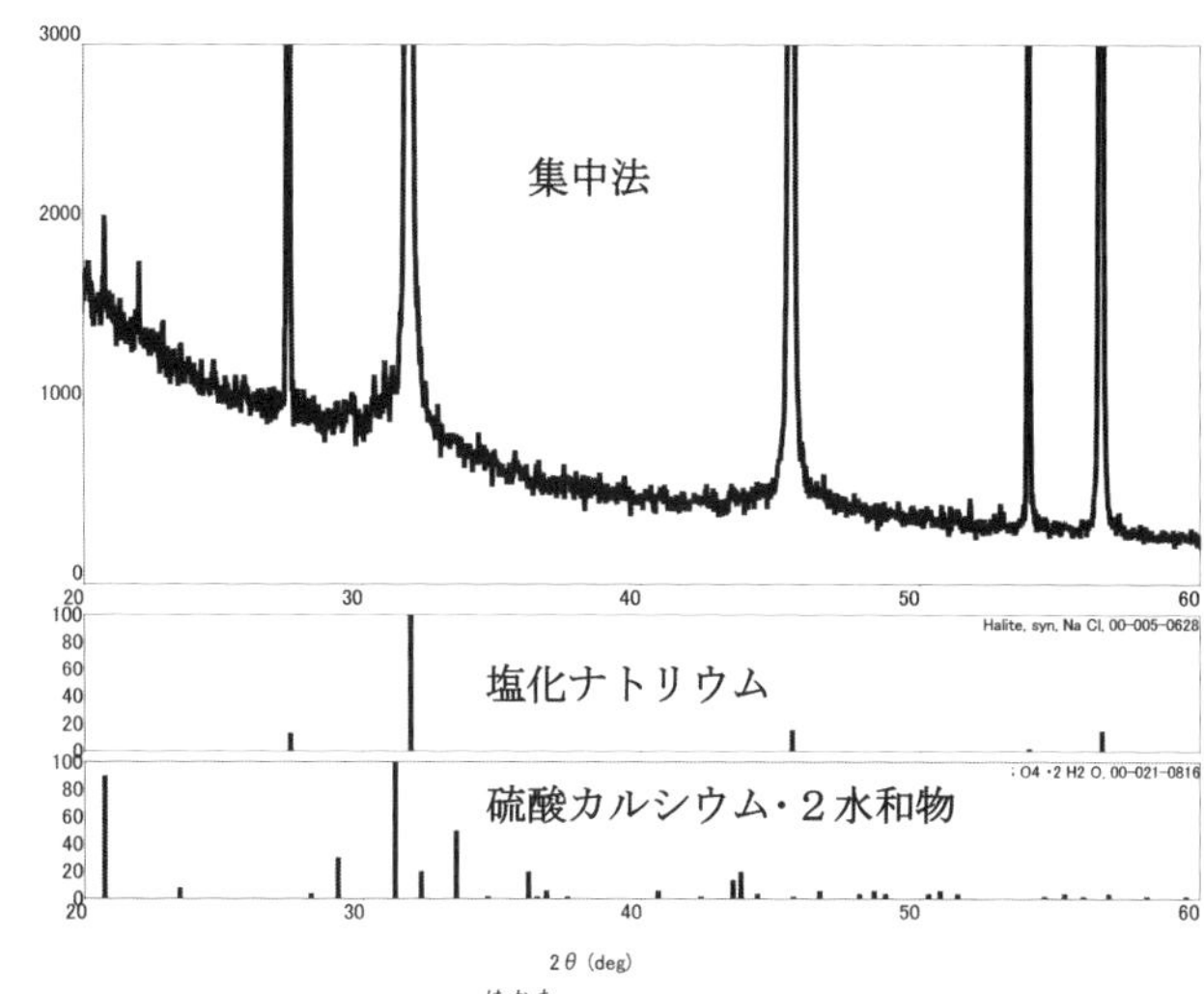

図１・16（２）「伯方の塩」の同定解析結果

（集中法と平行ビーム法）を行い、検出された主成分の塩化ナトリウムの面指数（２００）の回折ピークを集中法と、平行ビーム法で比較したものを図１・16（１）に示します。この結果、集中法の回折ピークは文献値よりも低角度側に検出され、ピーク形状はシャープで、３本に分かれました。また、平行ビーム法の回折ピークは文献値とほぼ同じ位置に検出され、ピーク形状は１本でした。このことから、顆粒状のままで測定する場合は、平行ビーム法が有効であることがわかります。

　また、伯方の塩に含まれる微量成分を確認するためにメノウ乳鉢で粉砕し、ＸＲＤ測定（集中法）を行い、定性分析（物質の同定）の結果を図１・16（２）に示します。この結果、主成分の塩化ナトリウム以外に、硫酸カルシ

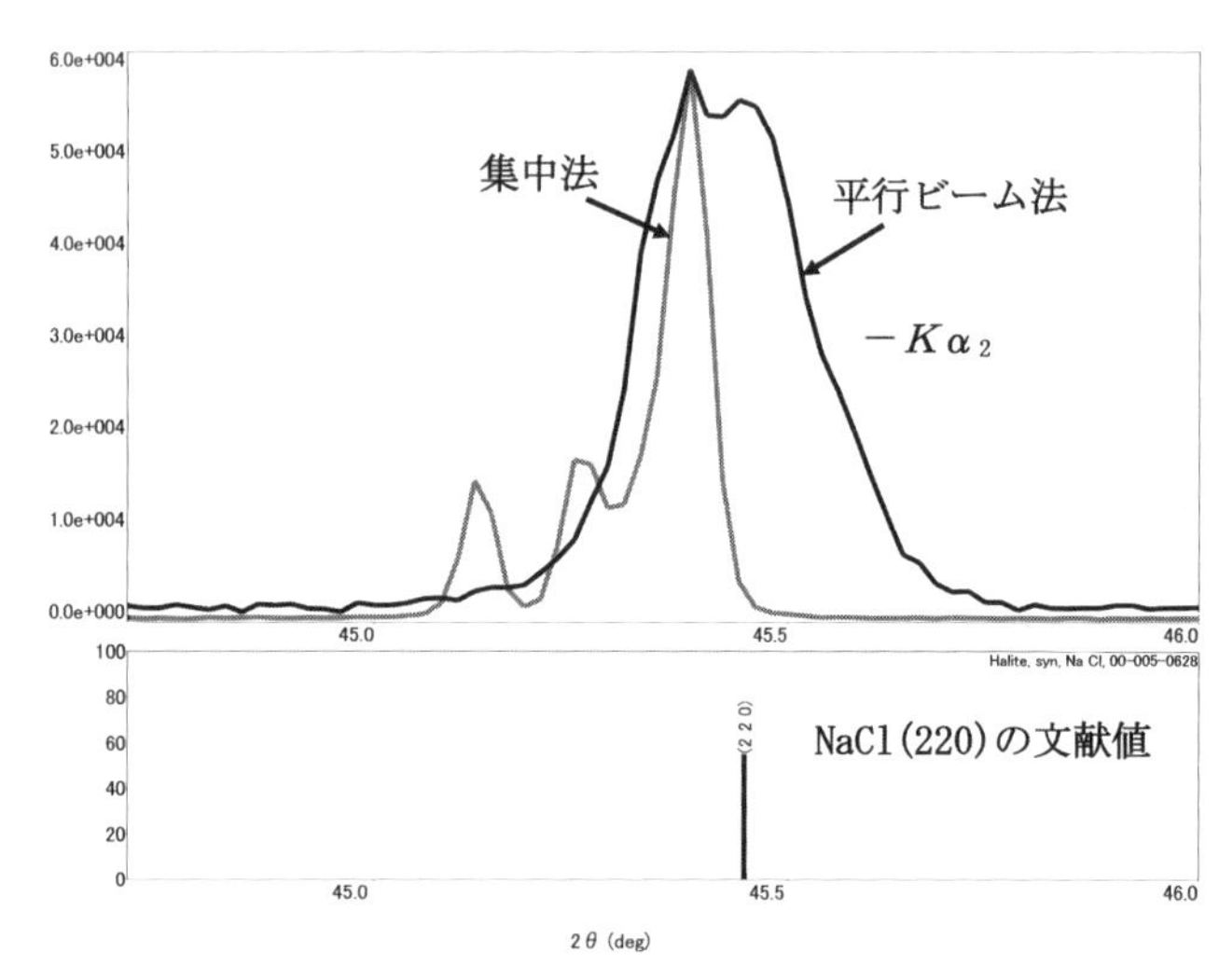

図1・17（1）「赤穂の天塩」の光学系の比較

ウム・2水和物（$CaSO_4 \cdot 2H_2O$）が確認されました。この微量成分は海水の成分で、私たちは最もまろやかさを感じる成分です。

4. 赤穂の天塩（あましお）

この塩は、オーストラリアのシャークベイの美しい海水を地元の塩田で、2年の歳月かけて太陽熱と風力で海水を濃縮した天日塩を輸入して天日塩のソフトな結晶を残しながら、他の成分を溶かして再結晶して粒度を調整しています。そして、江戸時代の350年前より兵庫県赤穂市に伝わる伝統技術のかん水を煮詰めて塩を取り出すにがり成分（Mg, K, Caなど）を含ませる差塩製法によって仕上げた国内生産の商品です。塩化ナトリウムの含有量は92％前後で、残りの約8％は塩化

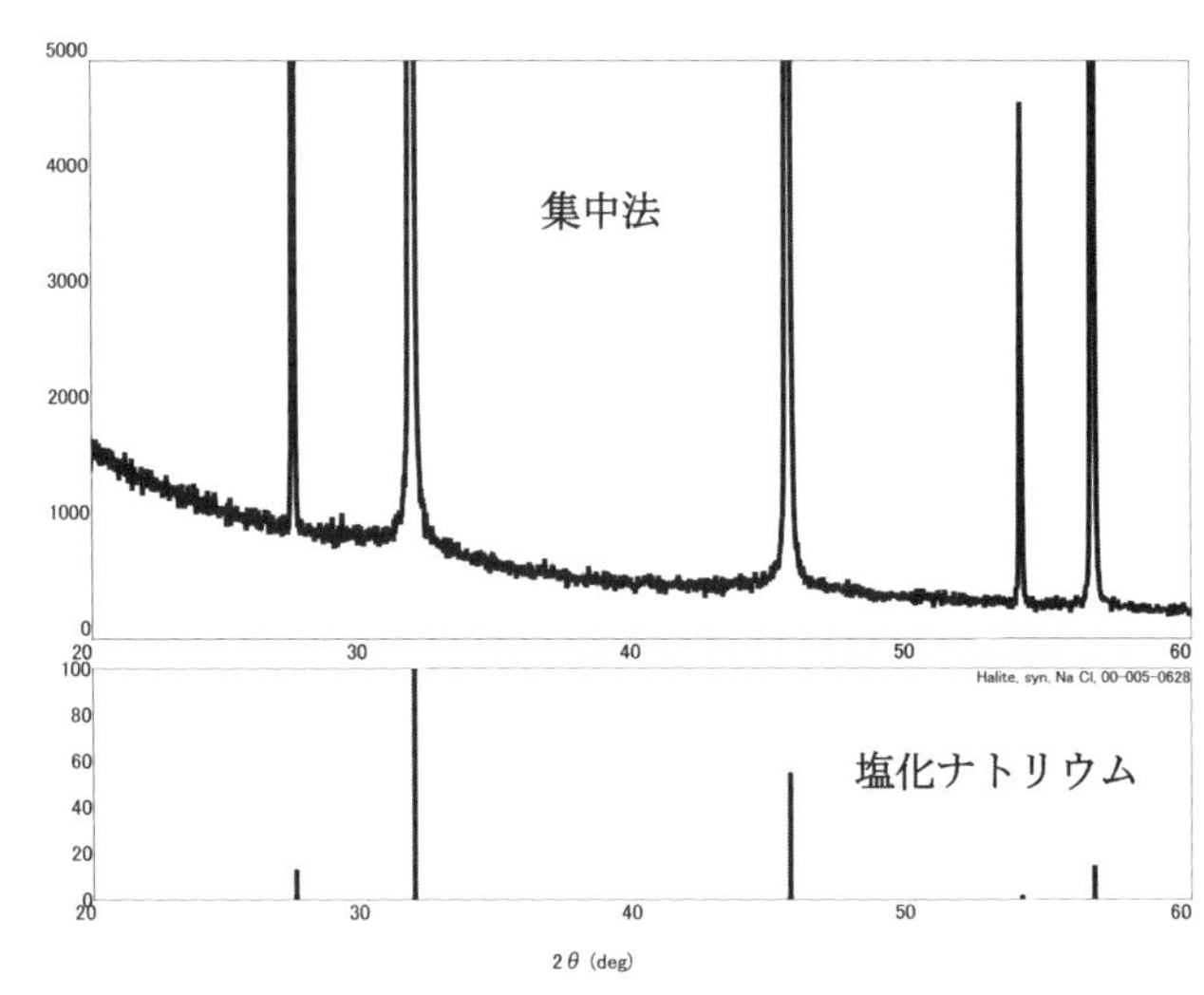

図１・17（２）「赤穂の天塩」の同定解析結果

マグネシウム（$MgCl_2$）が主成分とするにがり成分を含有した塩です。

この赤穂の天塩を顆粒状のまま、ＸＲＤ測定（集中法と平行ビーム法）を行い、検出された主成分の塩化ナトリウムの面指数（２２０）の回折ピークを集中法と、平行ビーム法で比較したものを図１・17（１）に示します。この結果、集中法の回折ピークは文献値よりも低角度側に検出され、ピーク形状は３本に分かれました。また、平行ビーム法の回折ピークは文献値とほぼ同じ位置で検出され、ピーク形状は１本でした。このことから、顆粒状のままで測定する場合は、平行ビーム法が有効であることがわかります。

また、赤穂の天塩に含まれる微量成分を確認するためにメノウ乳鉢で粉砕し、ＸＲＤ測定（集中法）を行い、定性分析（物質の同定）の結果を図1・17（2）に示します。この結果、主成分の塩化ナトリウム以外の微量成分は検出されませんでした。商品に表示されている塩化マグネシウムは、測定したサンプル量が少なかったため、微量のミネラル成分は検出されなかったと考えられます。

5. 雪塩

この塩は、沖縄県宮古島の地上から約22メートルまで琉球石灰岩（隆起サンゴ礁）の層を掘って、そこから地下を流れる海水を取水して原料としています。琉球石灰岩が天然のろ過装置の役割を果たしてくれるので、不純物のないきれいな海水を取水しています。また、琉球石灰岩中に含まれる成分（Caなどのミネラル）が地下の海水に染み出すので、それらの成分が溶け込んだ海水です。取水のための構造物を海中に作る必要がありませんので、漁業などの妨げになることがなく、また満潮や干潮、台風や雨などによる影響も受けません。

この原水を濃縮装置（海水側に浸透圧以上の圧力をかけ、海水から逆浸透（RO）膜（水を通してイオンや塩類などの水以外の不純物は透過しない性質を持つ膜）を通して真水を押し出し、濃縮海水にして水分を瞬時に蒸発させるので、他の塩に比べて、にがり成分（Mg, Kなど）を多く含んだ商品です。2000（平成12）年8月9日に、世界で最も多くのミネラル成分

(Mg, K, Ca, Fe, Sなど）を含んだ塩としてギネスブックから世界一の認定も受けています。

この雪塩を微粉末状のまま、XRD測定（集中法と平行ビーム法）を行い、検出された主成分の塩化ナトリウムの面指数（200）の回折ピークを集中法と、平行ビーム法で比較したものを図1・18（1）に示します。この結果、集中法および平行ビーム法の回折ピークは文献値とほぼ同じ位置で検出され、ピーク形状は1本でした。これは、雪塩があらかじめ微細に粉砕されていたため、集中法でも1本の回折ピークが検出されたものと思われます。

また、雪塩に含まれる微量成分を確認するためにXRD測定（集中法）を行い、定性分析（物質の同定）の結果を図1・18（2）に示します。この結果、主成分の塩化ナトリウム以外に、塩化カリウム（KCl）、塩化カリウムマグネシウム・6水和物（$KMgCl_2 \cdot 6H_2O$）、硫酸カルシウム（$CaSO_4$）および炭酸カルシウム鉄マンガン（$Ca(Fe, Mg)(CO_3)_2$）と多くのミネラル成分が確認されました。これらの微量成分は海水の成分で、私たちは最もまろやかさを感じる成分です。

6．んまか塩

この塩は、薪の火力を利用した釜焚きにこだわり、時間を掛けてじっくりと製塩した昔ながらの海塩です。塩の原材料は海水なので綺麗な海水を汲み上げるところから製塩が始まります。

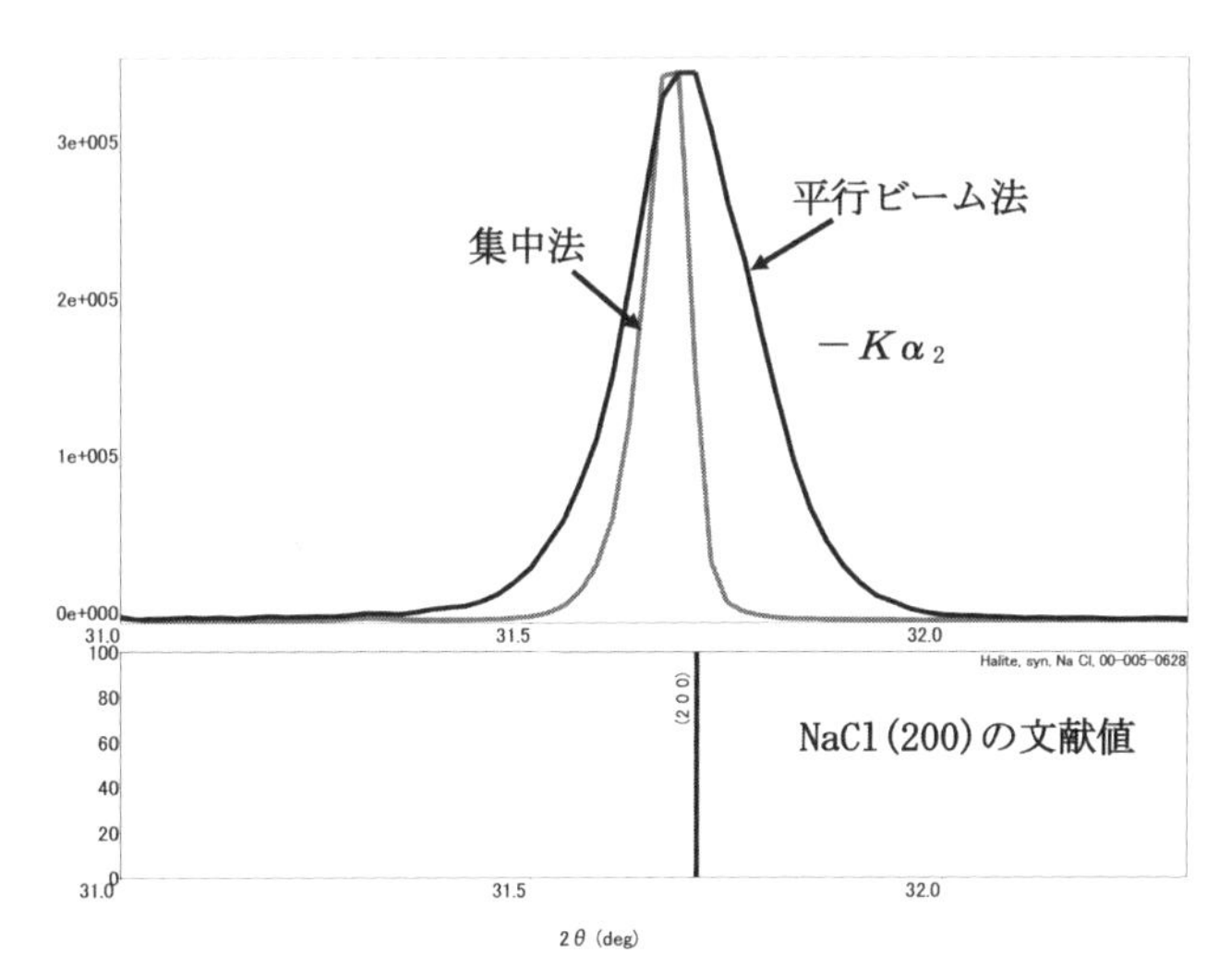

図１・18（１）「雪塩」の光学系の比較

より良い海水を求めて長崎県の上五島本島から頭ヶ島（かしらがしま）に渡り、２つの島間の海峡から海水を汲み上げた海水を原材料としています。この海峡は潮の流れが非常に激しく、上げ潮時には五島灘から新鮮な海水が大量になだれ込み、新鮮な海水に満たされます。まず、１次濃縮でフィルターを透して、ろ過した海水をやぐらの中に吊るした無数のロープに垂らして循環させることで海水中の水分を蒸発させます。昔は竹穂を垂らして海水を滴らせていたようですが、現在では蒸発の効率を考慮して綿ロープを使用しています。ここでは塩分濃度が海水の３～10％近くまで循環して濃縮されます。次に２次濃縮で、１次濃縮した海水を２次濃縮用の平釜に移して薪で焚きあげます。ここでは火力の調節は不要なので窯に

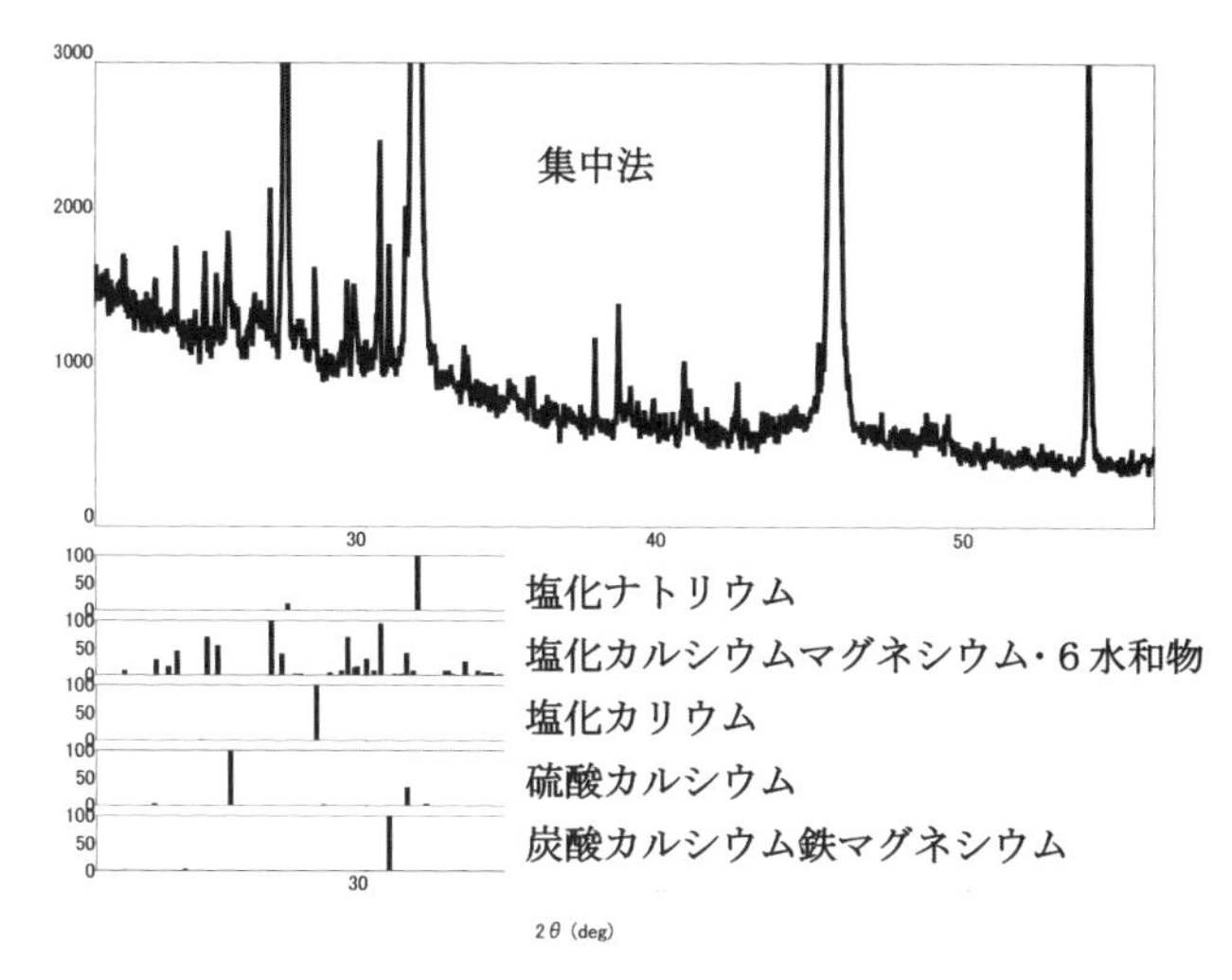

図1・18（2）「雪塩」の同定解析果

薪を次々と放り込み塩分濃度が20％になるまで濃縮します。この時点で海水のおよそ7分の1程度の量となり、非常に濃い塩水のかん水となります。再度、ろ過したかん水を煎熬（せんこう）用の釜に移し、沸騰させないように火力を調整しながら昼夜2日ほどかけてじっくりと焚き上げます。

この煎熬作業は、塩づくりの中で1番気を使う工程で、火力に細心の注意を払いながら焚き上げます。この作業に時間を掛けることで、結晶の大きな、まろやかで口当たりの良い塩ができます。このかん水がおよそ半分になると、徐々に塩の結晶が始まります。ゆっくりと海水表面で結晶となった塩は、徐々に横に広がり、やがて自重で沈んでいきます。このときに火力を強くし過ぎると滞留（たいりゅう）が起き

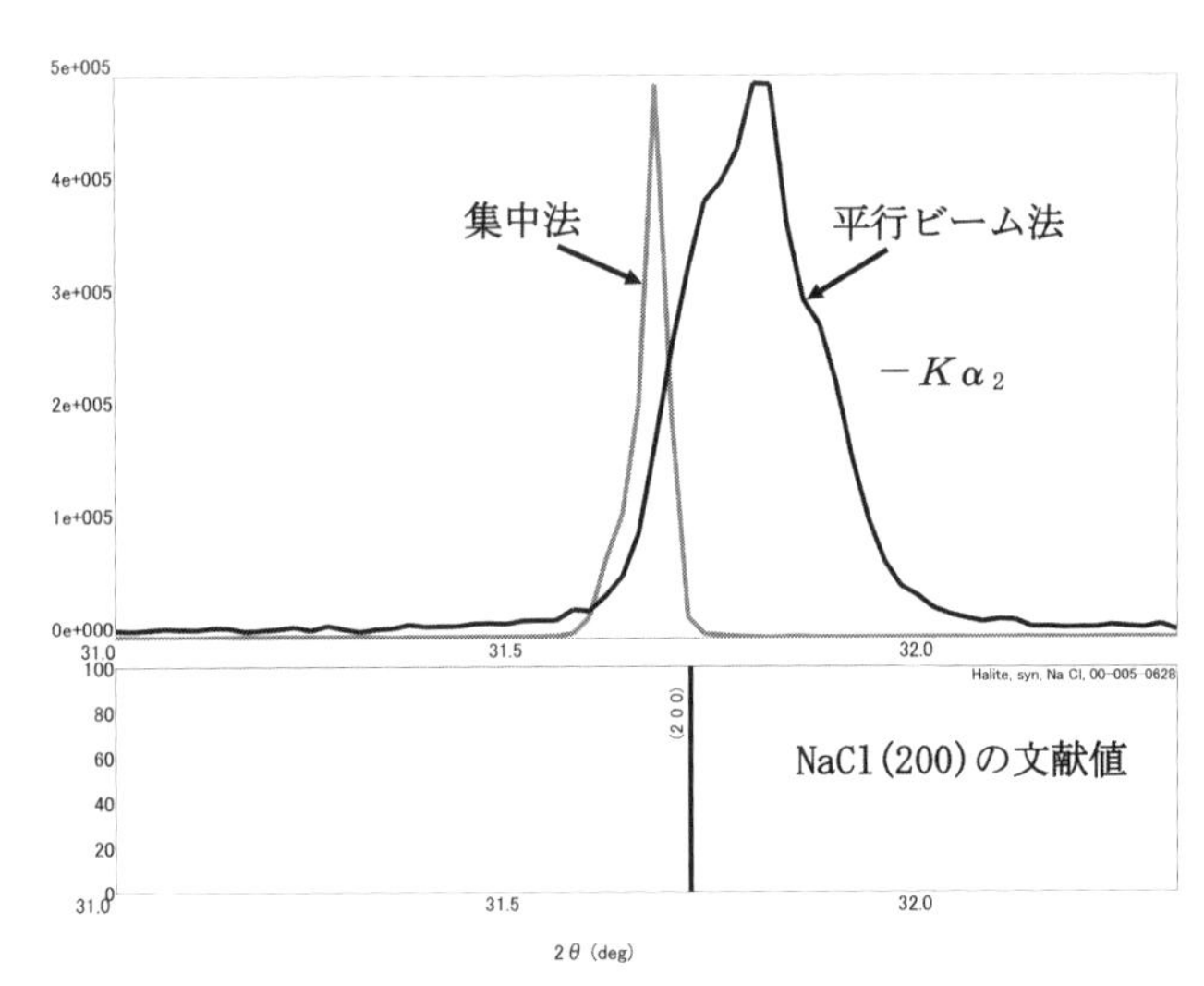

図１・19（１）「んまが塩」の光学系の比較

て結晶が大きく育ちません。ザルにすくい上げた塩を布で包み、そのままの状態で数日放置します。余計な水分のにがりが滴り落ちるとともに、にがり成分がなじんだ塩は更に味がまろやかになります。その後、遠心分離機で更に水分を抜き取りますが、苦汁成分を飛ばし過ぎても残しすぎてもバランスのよい塩にはなりません。出来上がった塩を目の粗いザルで振るい、粒の大きさを整えます。されに、天日の下で丹念に混入した灰や焦げなどを取り除き、袋詰めされて商品になります。

このんまが塩をフレーク状のまま、XRD測定（集中法と平行ビーム法）を行い、検出された主成分の塩化ナトリウムの面指数（200）の回折ピークを集中法と、平行ビーム法で比較したものを図１・19（１）に示しま

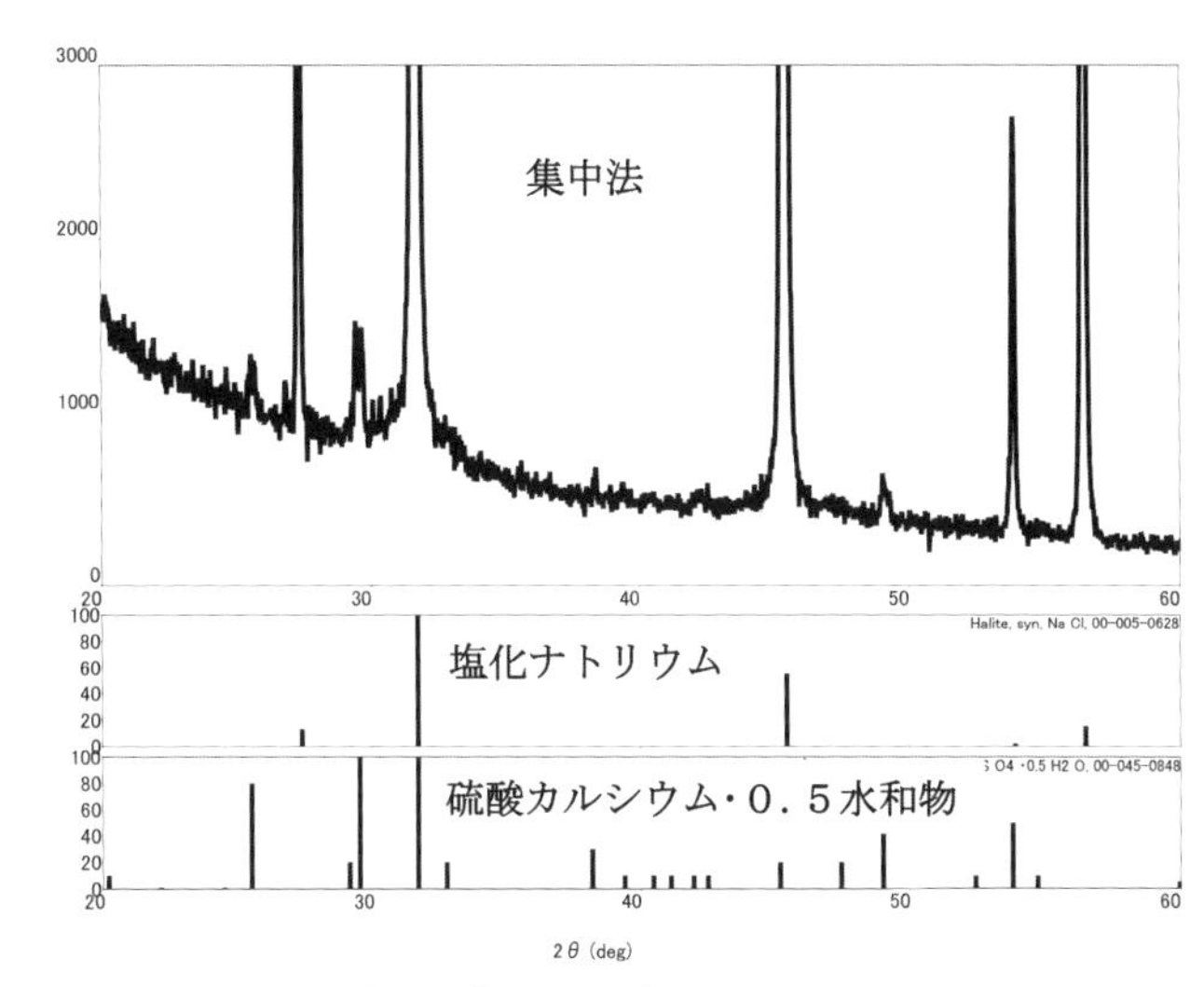

図１・19（２）「んまが塩」の同定解析結果

す。この結果、集中法の回折ピークは文献値よりも若干低角度側に検出され、ピーク形状はとてもシャープなものでした。また、平行ビーム法の回折ピークは文献値よりも高角度側に検出されました。これは、試料形状がフレーク状の平らな層が何層もあったことから、１００面に優先方向配列（特定方向を向くことにより、特定の面の回折ピークのみが強調される）があったためと思われます。

また、んまが塩に含まれる微量成分を確認するためにメノウ乳鉢で粉砕し、ＸＲＤ測定（集中法）を行い、定性分析（物質の同定）の結果を図１・19（２）に示します。この結果、主成分の塩化ナトリウム以外に、硫酸カルシウム・０・５水和物（$CaSO_4$・0. $5H_2O$）が確認されました。この微量成分は海水の成分で、私たちは最もまろやかさを感じる成分です。

7．海の精（ほししお）

東京都伊豆大島の綺麗な黒潮を原料として海水を立体式塩田で風や太陽熱を利用して蒸発濃縮し、かん水を作ります。これを釜で煮詰めて塩を析出させた製法で作られた海水をそのまま結晶化した純国産の海塩です。

この塩は、伯方（はかた）の塩と同様に、１９７１（昭和46）年に塩業近代化臨時措置法が成立したため伝統の塩田が全廃され、翌年には日本の塩づくりがイオン交換膜式製塩法に転換されたのをきっかけに、伝統の塩を復活させようという運動が起こりました。その流れの中で、伊豆大島でも海の精の塩づくりがはじまりました。特別に許可を受け、小さな製塩試験場を開設して、試験生産・会員配布という特殊な形でスタートしました。多くの困難に遭遇しながらも、塩専売法廃止による自由化を経て、現在の製塩になりました。日本は雨が多く、湿度も高いモンスーン地帯にあることから、太陽の力だけでつくる天日塩が生産されてきました。この海の精は塩田と温室を用いることで、国産の天日海塩つくりに成功したのです。しかし、厳しい塩専売法が存在し、自由に塩つくりができなかった時代に、特別な許可を得て生産が許された初めての塩です。塩田で濃縮されたかん水をチタン製の結晶皿に張り塩の結晶を析出させ、日差しの強い夏場には平均1週間ほどで適正な濃度に達します。

その後、釜焚きの塩と同じように脱汁して採塩しますが、そのようにしてできた塩を冬に再び皿に広げて乾燥させます。柔らかい冬の日差しで塩の表面をじっくりと乾かすことで、にがりを適度にしっかり付着させます。天日塩は黙視での確認や計測を繰り返しながらつくりますが、手作業によるマメな攪拌が欠かせません。かん水はそのまま放置して蒸発させると成分ごとに分離して結晶し、塩化ナトリウムの純度の高い大きな結晶になってしまいます。それを防ぎ、塩の成分がバランスよく含まれるように、特に夏場の暑い時期は、1日に何回もすべての皿の攪拌作業を丁寧に繰り返えします。

この海の精をサイコロ状のまま、ＸＲＤ測定（集中法と平行ビーム法）を行い、検出された主成分の塩化ナトリウム（NaCl）の面指数（２００）の回折ピークを集中法と、平行ビーム法で比較したものを図1・20（１）に示します。この結果、集中法の回折ピークは文献値よりも低角度側に検出され、ピーク形状はシャープで、２本に分かれました。また、平行ビーム法の回折ピークは文献値とほぼ同じ位置で検出されました。このことから、サイコロ状のままで測定する場合は、平行ビーム法が有効であることがわかります。

また、海の精に含まれる微量成分を確認するためにメノウ乳鉢で粉砕し、ＸＲＤ測定（集中法）を行い、定性分析（物質の同定）の結果を図1・20（２）に示します。この結果、主成分

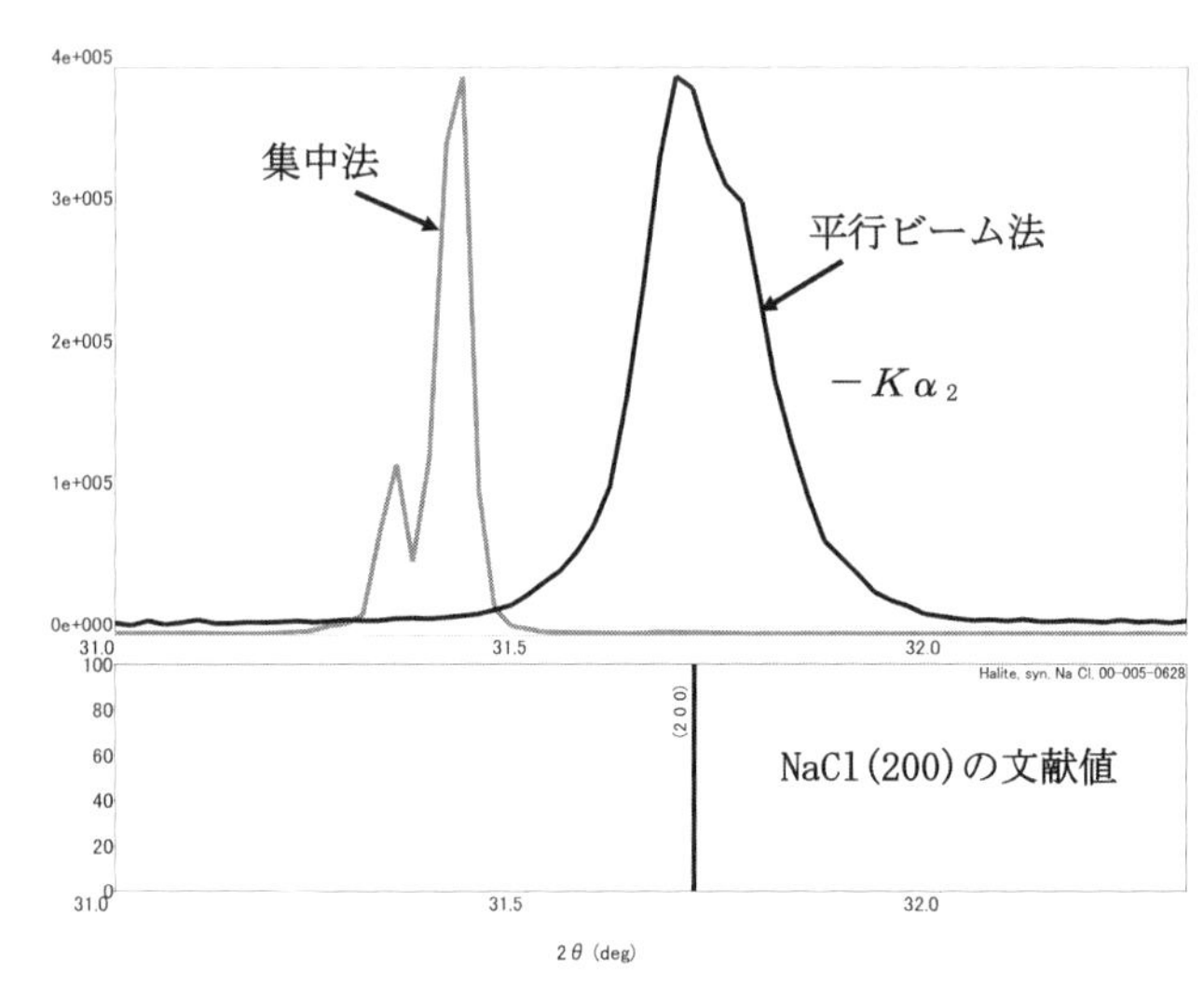

図１・20（１）「海の精」の光学系の比較

の塩化ナトリウム以外に、硫酸カルシウム・2水和物（$CaSO_4 \cdot 2H_2O$）が確認されました。この微量成分は海水の成分で、私たちは最もまろやかさを感じる成分です。

8．ひんぎゃの塩

この塩は、太平洋に浮かぶ伊豆諸島最南端・二重式火山青ヶ島（東京都青ヶ島村）の地中の噴出孔を利用し、地熱釜（56℃）で海水をじっくりと温め、濃縮、乾燥させ、結晶化させた商品です。

島の三宝港から太平洋の黒潮の海水をタンクローリーで汲み上げ、大きな平釜にたっぷり張り、地熱（方言：ひんぎゃ）で温め続け、13日後くらいから水面で徐々に結晶化が始まります。毎日、コテ入れをしてにがり水分が

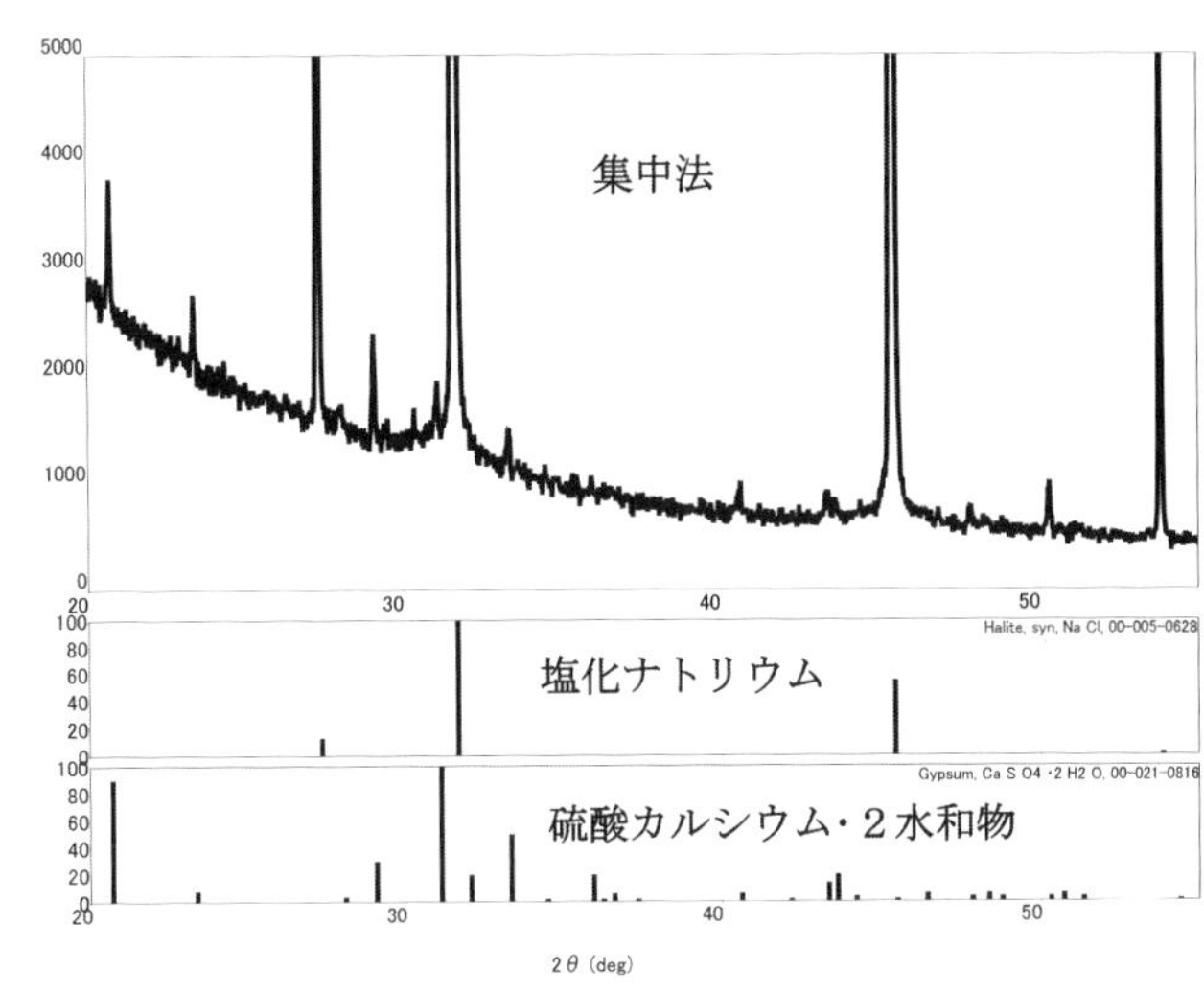

図1・20（2）「海の精」の同定解析結果

ほとんどなくなるまで続けます。これを約6日繰り返し、全体がザクザク状態の塩になったところで、大きな駕籠（かご）に入れて釜あげします。そのあと遠心分離機にて脱水し、乾燥室で2日間、再度、地熱で全体の水分を飛ばし、湿気が抜けたところで、振る器で大きさを分別して粉砕したものに、木屑などのゴミを取り除く作業は、この文明の時代で海水から塩にするまで約1ヶ月もかかるそうです。

この毎日のコテ入れ作業は1日で、男性でも根を上げるほど暑く過酷な重労働作業であると島の人から聞いた島出身の女性が、この製造作業を行っています。この女性の塩製造作業風景を、2019（令和元）年8月に、フジTVの「セブン・ルール」でも紹介されました。

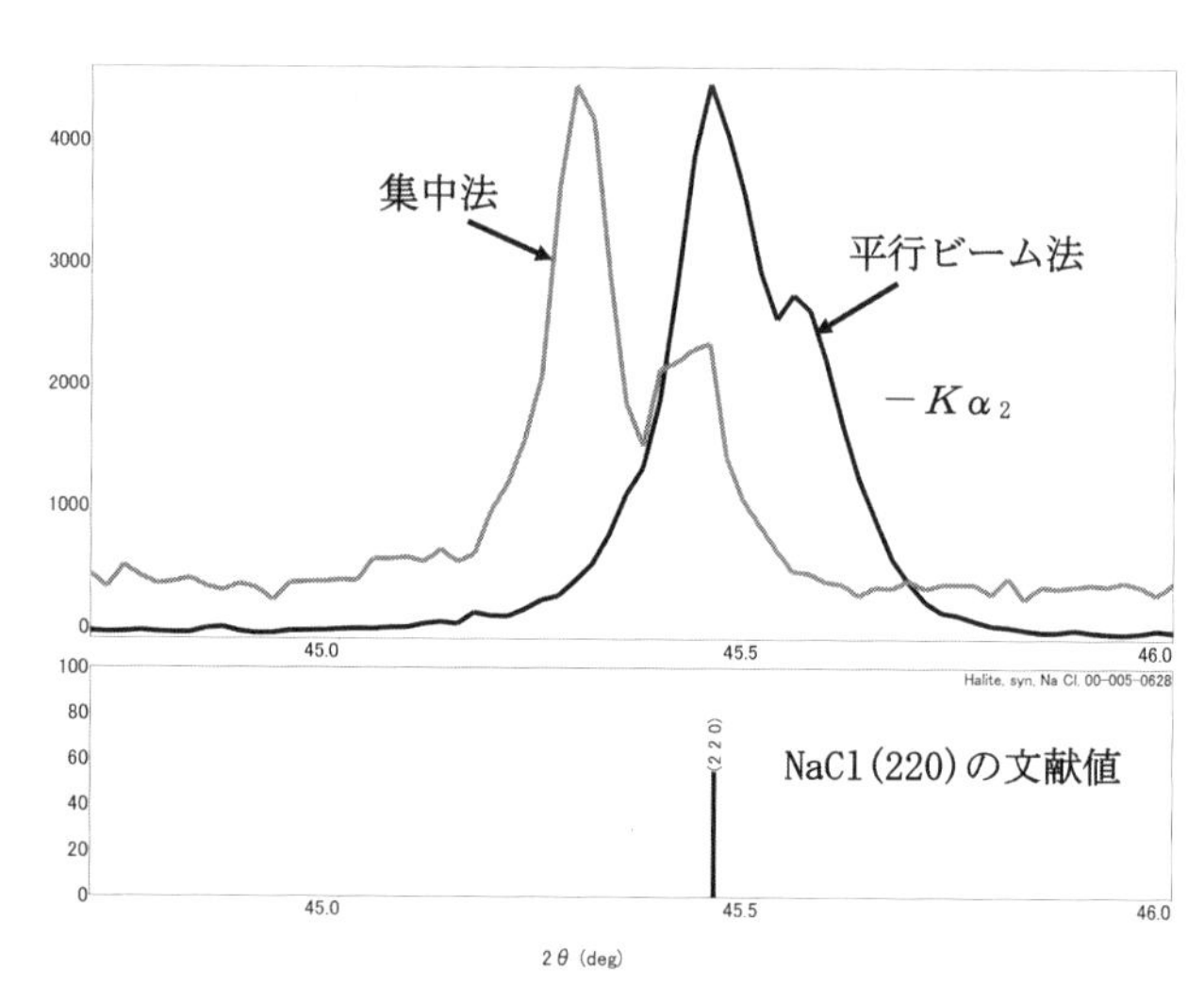

図１・21（１）「ひんぎゃの塩」の光学系の比較

このひんぎゃの塩をサイコロ状のまま、XRD測定（集中法と平行ビーム法）を行い、検出された主成分の塩化ナトリウムの面指数（220）の回折ピークを集中法と、平行ビーム法で比較したものを図１・21（１）に示します。この結果、集中法の回折ピークのピークトップは、文献値よりも低角度側に検出され、ピーク形状は２本に分かれました。また、平行ビーム法の回折ピークのピークトップは、文献値とほぼ同じ位置で検出されました。このことから、サイコロ状のままで測定する場合は、平行ビーム法が有効であることがわかります。

また、ひんぎゃの塩に含まれる微量成分を確認するためにメノウ乳鉢で粉砕し、XRD測定（集中法）を行い、定性分析（物質の同

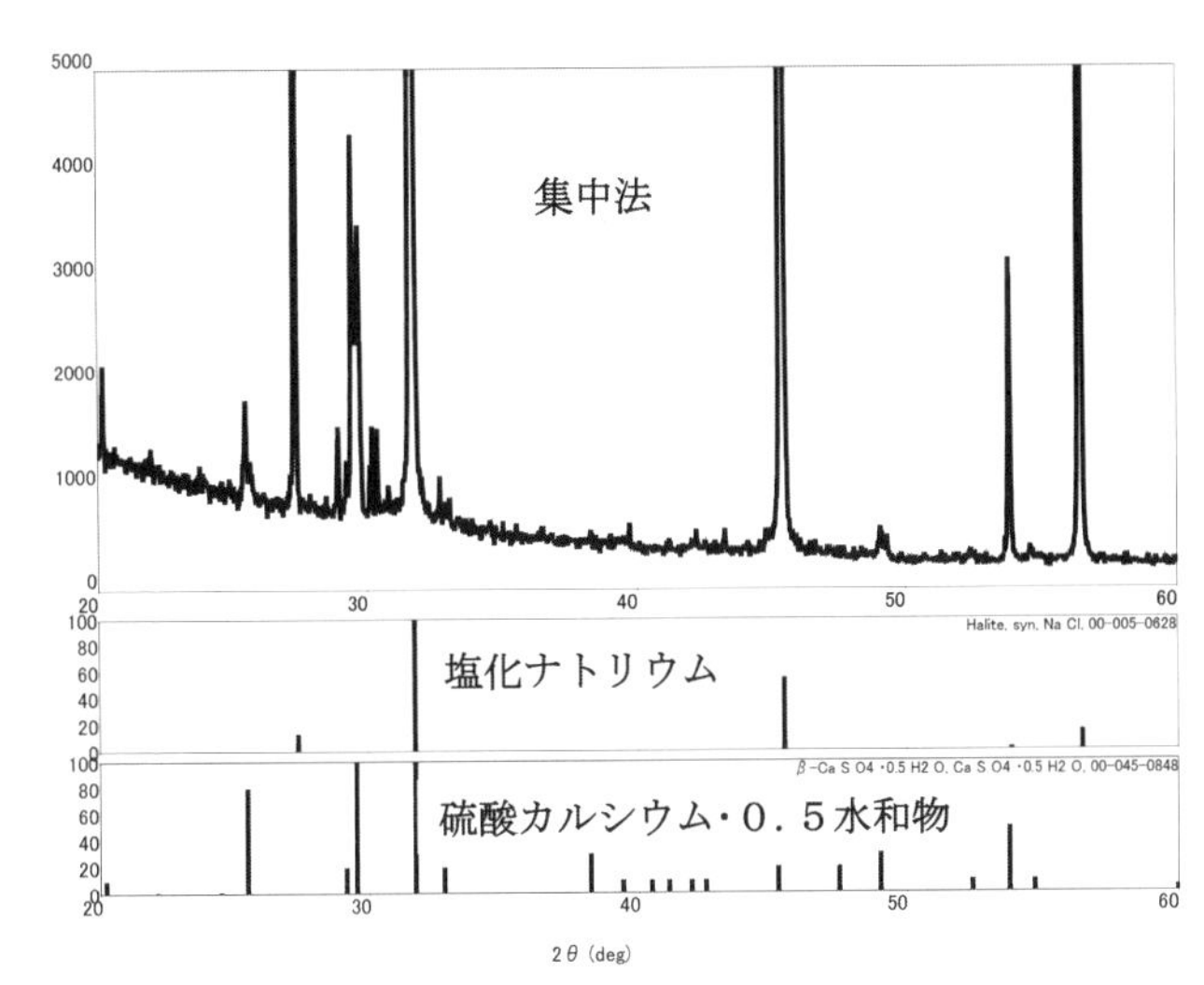

図1・21（2）「ひんぎゃの塩」の同定解析結果

定）の結果を図1・21（2）に示します。この結果、主成分の塩化ナトリウム以外に、硫酸カルシウム・0・5水和物（$CaSO_4 \cdot 0.5H_2O$）が確認されました。この微量成分は海水の成分で、私たちは最もまろやかさを感じる成分です。

9．死海の湖塩（イスラエル産）

この塩は、聖書にも記される特別な場所のアラビア半島にある死海の湖塩から採れ、エネルギーを清める能力が高い塩とも言われています。

また、通常の海水中の塩分量はわずか3％ですが、死海の湖水の塩分量は約30％の濃度を有します。これは、年間降水量が50～100㎜と極端に少なく、夏場の気温は32～39℃

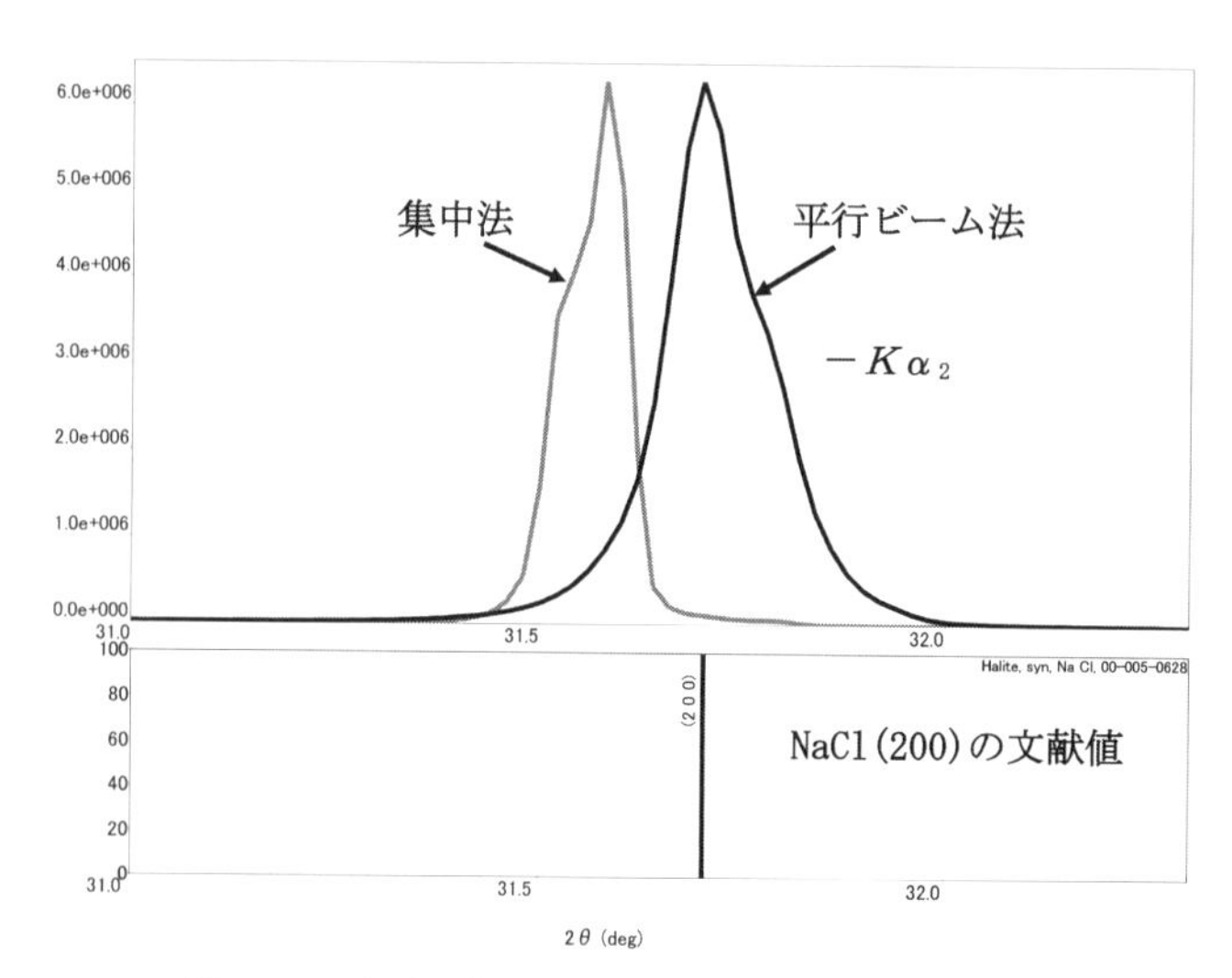

図1・22（1）「死海の湖塩」の光学系の比較

で、冬場でも20～23℃と非常に高く、湖水の蒸発が水分供給を上回る状態のため、高い塩分濃度が生まれました。1ℓ当たりの塩分量は230～270gで、湖底では428gと濃い塩分濃度のため湖水の比重が大きくなます。その結果、浮力も大きくなり、人が死海に入ると浮くことでも有名なリゾート地でもあります。

この死海の湖塩をサイコロ状のまま、XRD測定（集中法と平行ビーム法）を行い、検出された主成分の塩化ナトリウムの面指数（200）の回折ピークを集中法と、平行ビーム法で比較したものを図1・22（1）に示します。この結果、集中法の回折ピークは文献値よりも低角度側に検出され、ピーク形状はシャープで2本に分かれました。また、平行ビ

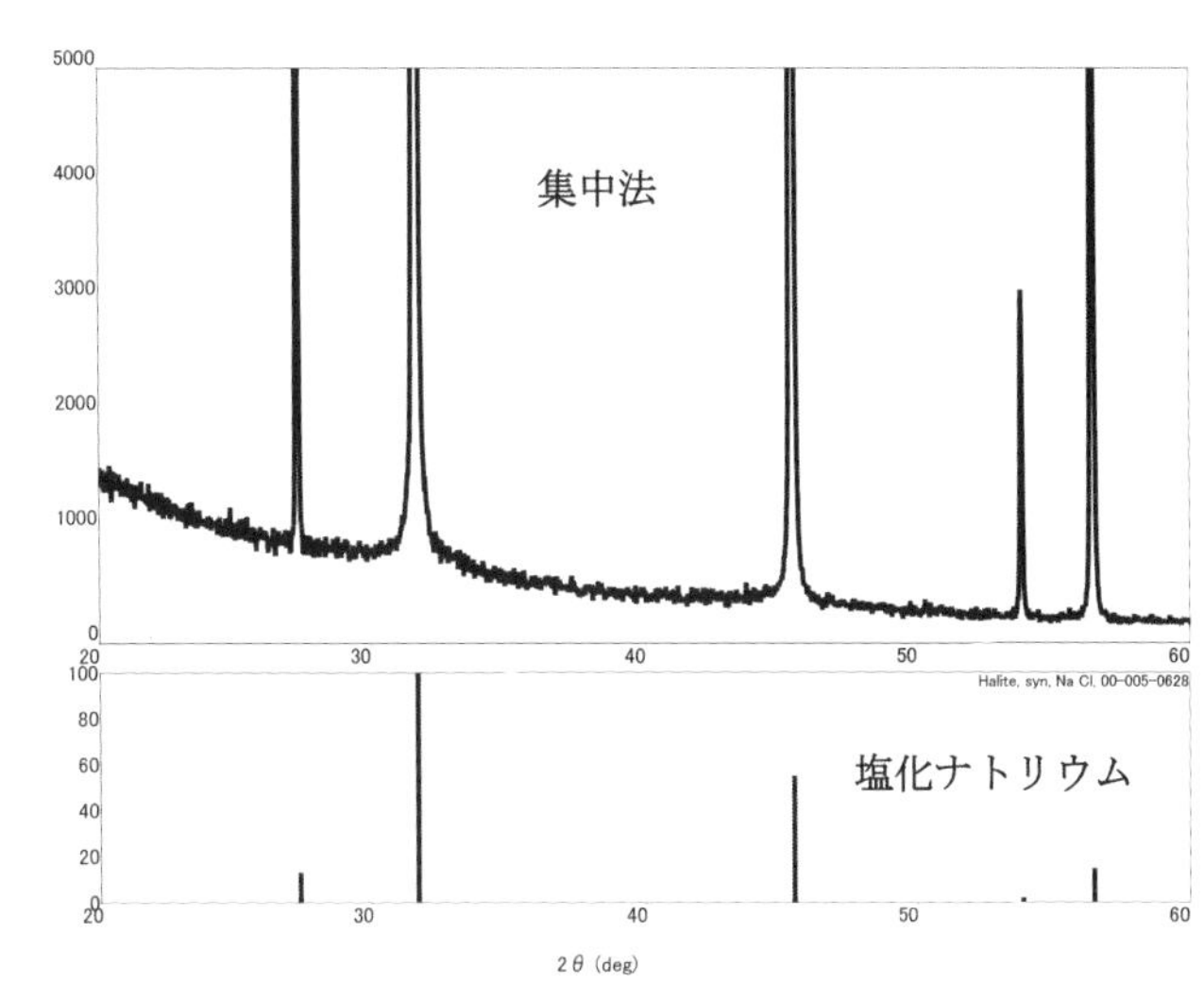

図1・22（2）「死海の湖塩」の同定解析結果

ーム法の回折ピークは文献値とほぼ同じ位置で検出され、ピーク形状は1本でした。このことから、サイコロ状のままで測定する場合は、平行ビーム法が有効であることがわかります。

また、死海の湖塩に含まれる微量成分を確認するためにメノウ乳鉢で粉砕し、XRD測定（集中法）を行い、定性分析（物質の同定）の結果を図1・22（2）に示します。この結果、主成分の塩化ナトリウム以外の微量成分は検出されませんでした。これは、塩化ナトリウムの含有量が30％と多いため、微量成分は検出されなかったと推測されます。

10．ウユニ湖の湖塩（ボルビア産）

この塩は、南米のボルビア共和国にありま

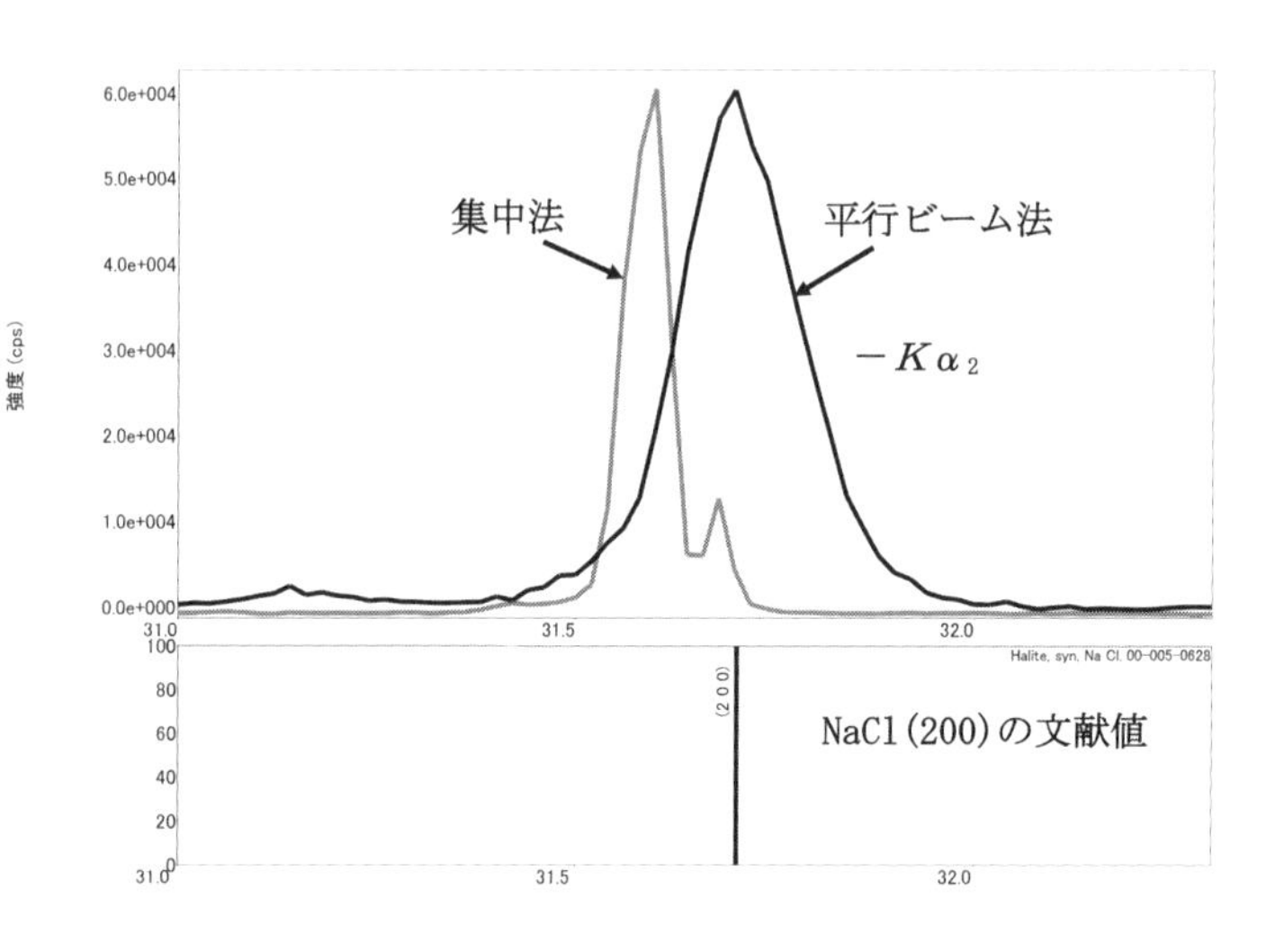

図１・23（１）「ウユニ湖の湖塩」の光学系の比

すウユニ塩湖でとれる商品です。

ウユニ塩湖はアンデス高地の標高３６５０ｍの所にあり、約１万平方㎞の広さがある広大な塩原で、高低差はわずか50㎝しかありません。乾季の５月から11月頃は水が無く、真っ白な塩が一面に堆積しており、雨季の12月から４月頃に雨が降れば、一面が鏡張りのようにに変化し、「天空の鏡」と評されています。このような塩原ができたのは、その昔、アンデス山脈の急激な隆起によっての形成過程時に、この地に大量の海水が残されたにもかかわらず、この海水が流れ出る川が無かったことや乾燥した気候などの独特の自然環境から、この広大な塩原が形成されたと考えられています。最近では、ＳＮＳ（Social Networking Service）などで、この絶景写真が世界中に配

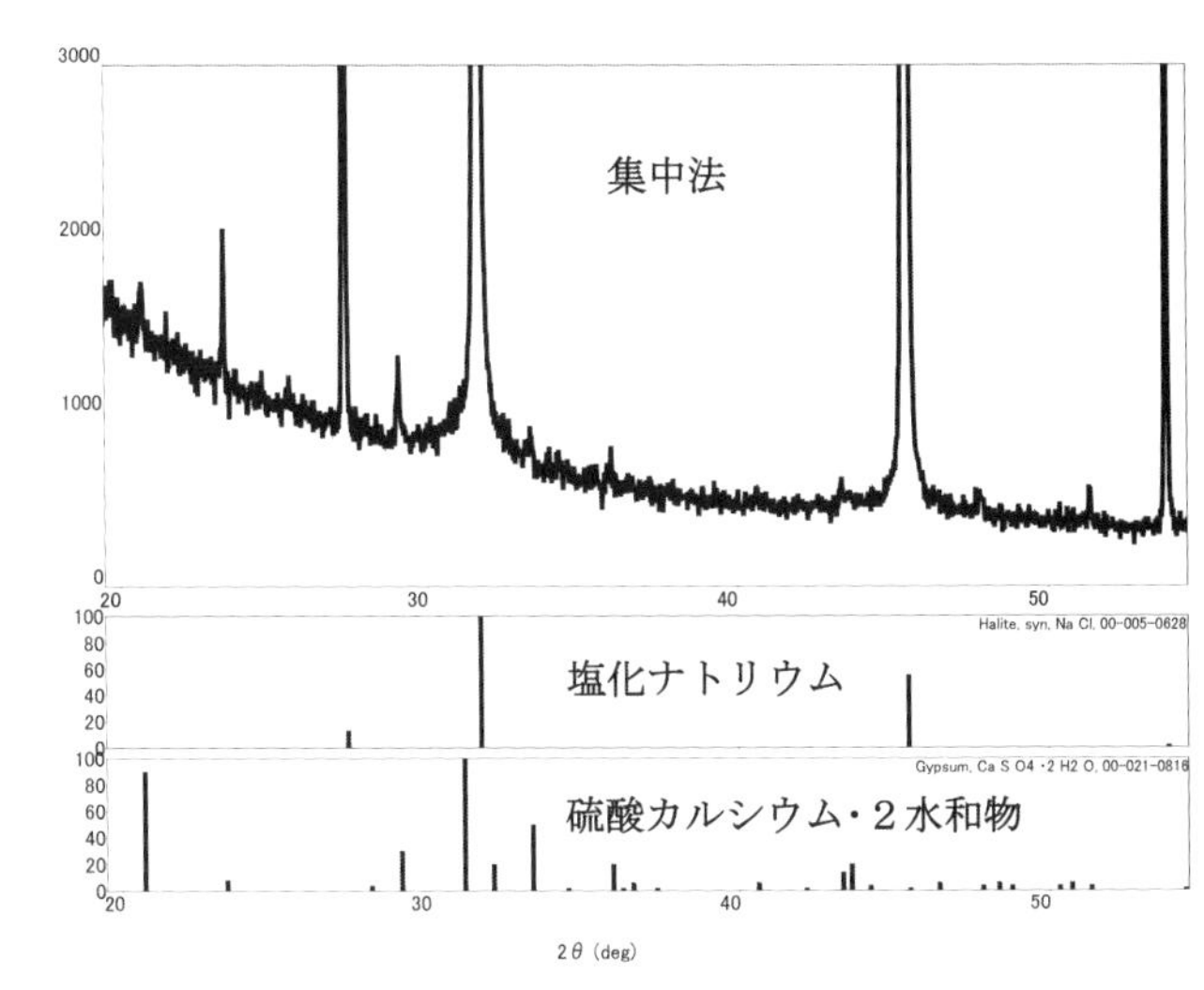

図１・23（２）「ウユニ湖の湖塩」の同定解析結果

信されて話題となり、観光客も増えているようです。私も1度は訪れてみたいあこがれの場所です。このウユニ塩の湖塩の特徴は結晶がピラミッドの形をしていることで雨季の海中で見られるそうです。また、この塩は精製していない自然そのままのため、炭水化物（有機質）が100g中に1・9g含んでいます。

　このウユニ湖の湖塩をサイコロ状のまま、XRD測定（集中法と平行ビーム法）を行い、検出された主成分の塩化ナトリウムの面指数（200）の回折ピークを集中法と、平行ビーム法で比較したものを図1・23（1）に示します。この結果、集中法の回折ピークは文献値よりも低角度側に検出され、ピーク形状はシャープで2本に分かれました。また、平行ビーム法の回折ピークは文献値とほぼ同じ位置で検出され、ピーク形状は1本でした。このことから、サイコロ状のままで測定する場合は、平行ビーム法が有効であることがわかります。

また、ウユニ湖の湖塩に含まれる微量成分を確認するために、メノウ乳鉢で粉砕し、XRD（集中法）を行い、定性分析（物質の同定）の結果を図1・23（2）に示します。この結果、主成分の塩化ナトリウム以外に、硫酸カルシウム・2水和物（$CaSO_4 \cdot 2H_2O$）が確認されました。この微量成分は海水の成分で、私たちは最もまろやかさを感じる成分です。

第2章　色々な形の貝殻の測定

（1）貝殻の形の多様性

1．貝殻の形成

多くの軟体動物は体の外側を覆う外骨格として貝殻を形成します。貝殻の主な機能は体の防御です。硬い殻の中に閉じこもってしまえば、捕食や環境の変化から逃れることができますし、体を支える機能もあります。さらに、頭足類では、貝殻は浮力調整の機能を持っています。また、貝殻の形成は外套膜から分泌され、内蔵の塊全体を覆っていますが、主に、貝殻の形成に関与する部分は外套膜の縁辺部内で外套膜縁です。殻の形成には、まず、殻皮と呼ばれる有機質の膜が分泌され、その膜の上に炭酸カルシウム（$CaCO_3$、以下省略）の結晶が成長します。殻皮は殻が成長するための基質として作用します。貝殻は外套膜によって直接形成されるのではありません。つまり、外套膜内部で血漿が生成されて運ばれるのではなく、外套膜と貝殻の間を満たす液体の化学反応を通じて形跡されています。この液体は外套膜外液と呼ばれます。貝殻は均質な非結晶質の塊ではなく、無数の微小な結晶の集合体です。

また、貝殻は主に炭酸カルシウムの結晶から構成されています。炭酸カルシウムには、カルサイト（斜方晶）とアラゴナイト（六方晶）のふたつ結晶型があります。そして不思議なことに、その結晶のかたちは分類群によって識別されます。さらに、貝殻は複数の殻層が重なり合って形成されています。このような結晶レベルの形態形質を総称して、殻体構造と呼びます。

さまざまな殻体構造の様式は軟体動物の系統進化と密接に関連していますが、その形成機構は十分に解明されていません。にもかかわらず、各地の貝塚から出土した貝類は約５００種類にも及んでいます。しかも、そのすべては現存するものばかりです。日本の貝塚は縄文時代のはじめから見られ、「放射性炭素年代測定法」によると約９０００年前のものと言われています。

2. 付加成長と成長線

貝殻の成長は付加的に行われ、動物体は細胞分裂することにより、組織が増殖して成長します。一方、貝殻は内部が増殖することはありません。殻の縁辺部に結晶が付加されながら大きくなります。このような成長様式は付加成長と呼ばれています。付加成長をする殻体の特徴として、成長線が形成され、成長の不連続面がひとつひとつの成長線として殻に記録されます。成長線の段差が激しい場合には、成長輪が識別されます。1年に1回、強い成長輪が形成される場合は、年輪と呼ばれます。しかし、ある成長輪が年輪であるかどうかを特定することは大変難しく、同種の貝でも生息環境の違いによって成長輪のでき方が異なるからです。

3. 螺旋（らせん）について

多くの貝殻は、螺旋状に極めて規則的に成長します。この規則性は対数螺旋、または等角螺旋（とうかくらせん）

と呼ばれる図形で表現することができ、多くの貝類は一定の比率で拡大しながら、相似形として成長しています。

（2） 産業廃棄物としての貝殻の資源化

貝の中身を食した外身のホタテやカキなどの貝殻は産業廃棄物になります。水産加工業などではホタテやカキを剥き身にする工場があります。それは1社だけでも数トンもの貝殻の山ができると言われています。しかも、そのような会社は全国で何10社もあるため、全国規模にみれば数10万tという貝殻の山ができるのです。今までは、どの会社もその貝殻の処分をゴミ処理会社にお金を支払っていて、その費用は1社で数万円から数百万円と工場の営業のなかでは大きな出費のひとつに数えられていました。

しかし、ホタテやカキの貝殻のほとんどは炭酸カルシウムからできているので、それを活用している企業も増えています。たとえば、チョークに混ぜることで折れにくく、書きやすいチョークにすることができます。アスファルトやタイルなどに混ぜて滑りにくくさせることもできます。また、豊富なカルシウムをサプリメントとして飲みやすい粒状に加工することによって、化粧品として化粧パックなどに使う企業もあります。もともと貝殻という天然素材であるため、利用者も安心して使えると人気があります。

私事ですが、１７５１（宝暦元）年創業の日本最古の京都にある老舗の絵具屋さんが販売しているマニキュアの胡粉（ごふん）ネイルを愛用しています。このお店は創業以来、日本の伝統色の和の色を扱った日本画用絵具専門店で、胡粉（日本画の重要な白い絵具で、ホタテの貝殻の微粉末から作られる顔料）、水干絵具、棒絵具などの画材を販売していました。しかし、昨今は日本画などの需要がきわめて少ないため、10代目の女性社長が家業の再建を決心し、自社製品の特徴を活かしたビジネスに注力されました。その結果、体にやさしいマニキュアの胡粉ネイルを開発され、会社の業績回復に成功したのです。また、胡粉に含まれる貝殻の主成分の炭酸カルシウムは細かく丸い粒子のため、肌を傷つけずに、毛穴の汚れや古い角質を落とすスクラブ効果が期待されるオーガニック石鹸も販売されています。

また、カキの貝殻は汚水を浄化させる機能があるため、浄水利用としての動きもあります。すでに汚れた湖水などの浄化にも利用されています

このように、ひと昔までは、水産加工業の工場で産業廃棄物としてお金を支払って、捨てられていたホタテやカキの貝殻が、別の企業が資源として買い取って利用しています。貝殻とは全く違う形へとリサイクルされて、水産工業の副収入となっているようです。

このような動きはあくまで一例ですが、今まで捨てられていた資源をリサイクルにして全く違うものに利用する動きが進んでいます。このことで、企業の副収入となっています。環境に

写真２・１　XRD 測定に用いた貝殻の外形

も優しいので、まさに、一石二鳥のリサイクルだといえます。これらの動きは限られた資源を大切にすることでもあります。

この産業廃棄物をリサイクルする活動は、２００４（平成16）年にノーベル平和賞を受賞したワンガリ・マータイ（ケニアの環境分野の活動家）さんがずっと主張してきたＭＯＴＴＡＩＮＡＩ（日本語のもったいない）キャンペーンにも繋がるとても有意義な活動です。このように産業廃棄物をリサイクルする活動はさらに活性化していくことでしょう。

（３）色々な形の貝殻の光学系の違いによる比較

一般家庭でもよく食べられていますホタテやカキのほか、最近、スーパーなどで目にするハ

表２・１　各貝殻（粉砕）の結晶相同定解析結果

貝殻の種類	炭酸カルシウム（$CaCO_3$）	
	カルサイト	アラゴナイト
	六方晶	斜方晶
ホタテ	◎	○
カキ	◎	×
ホンビノス	×	◎

注）◎：主成分、○：検出、×：不検出を示す。

マグリに似たホンビノスの３種類の形の異なる貝殻（写真２・１）を粉砕せずに、そのままの凹凸のある外側の表面をＸＲＤ測定（集中法と平行ビーム法）しました。その分析結果と光学系による検出された回折ピークを比較してみました。

１．ホタテの貝殻

ホタテの貝殻の成分を確認するためにメノウ乳鉢で粉砕し、ＸＲＤ測定（集中法）を行い、同定解析の結果を表２・１、図２・１（１）に示します。この結果、主成分は炭酸カルシウムのカルサイト（六方晶）で、炭酸カルシウムのアラゴナイト（斜方晶）がわずかに混在していました。

また、ホタテの貝殻の凹凸のある外側の表面をＸＲＤ測定（集中法と平行ビーム法）によって検出された主成分の炭酸カルシウムのカルサイトの面指数（１０４）の回折ピークを集中法と平行ビーム法で比較したものを図２・１（２）に示します。この結果、集中法および平行ビーム法の回折ピークは、文献値とほぼ同じ位

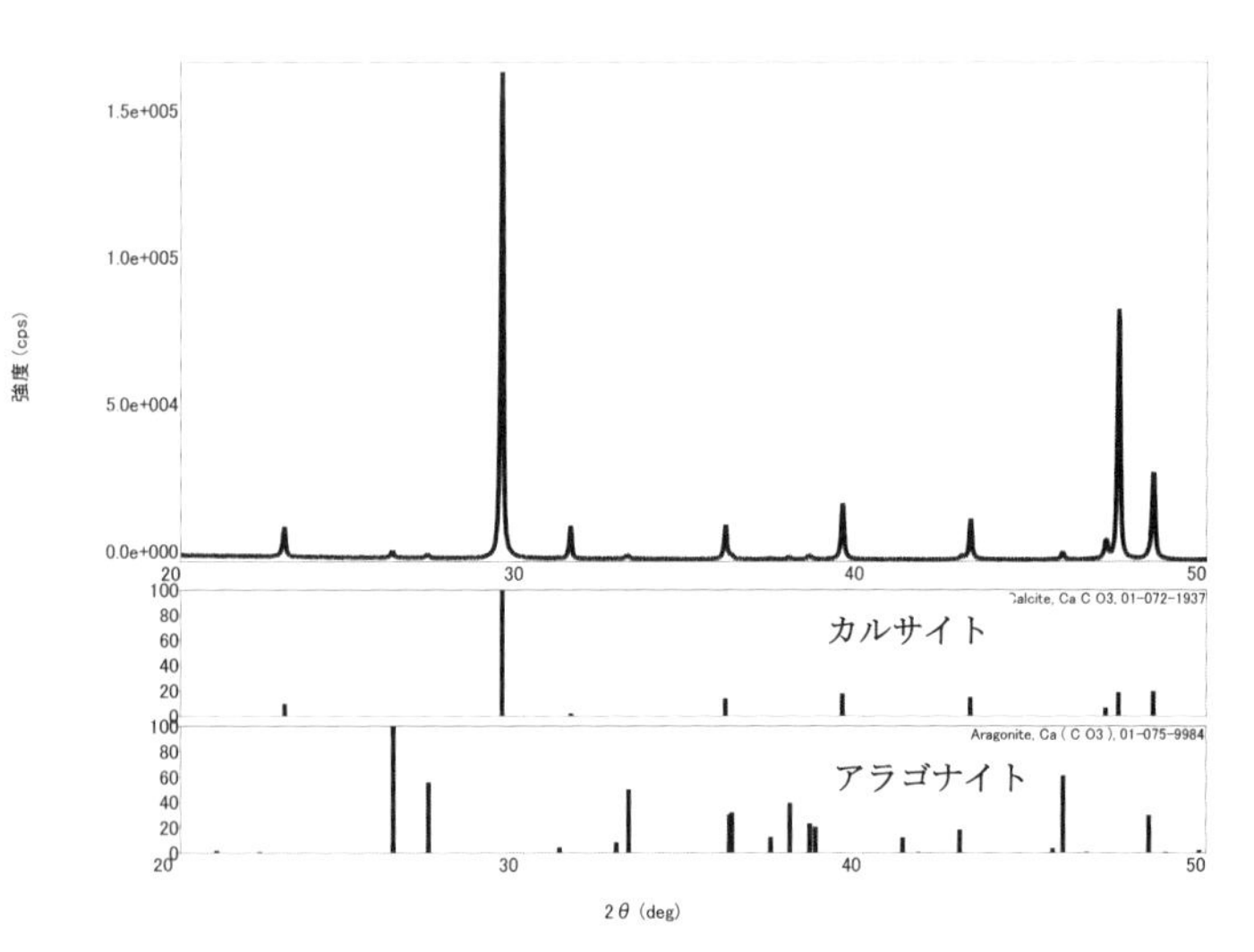

図２・１（１） ホタテ貝殻（粉砕）の同定解析結

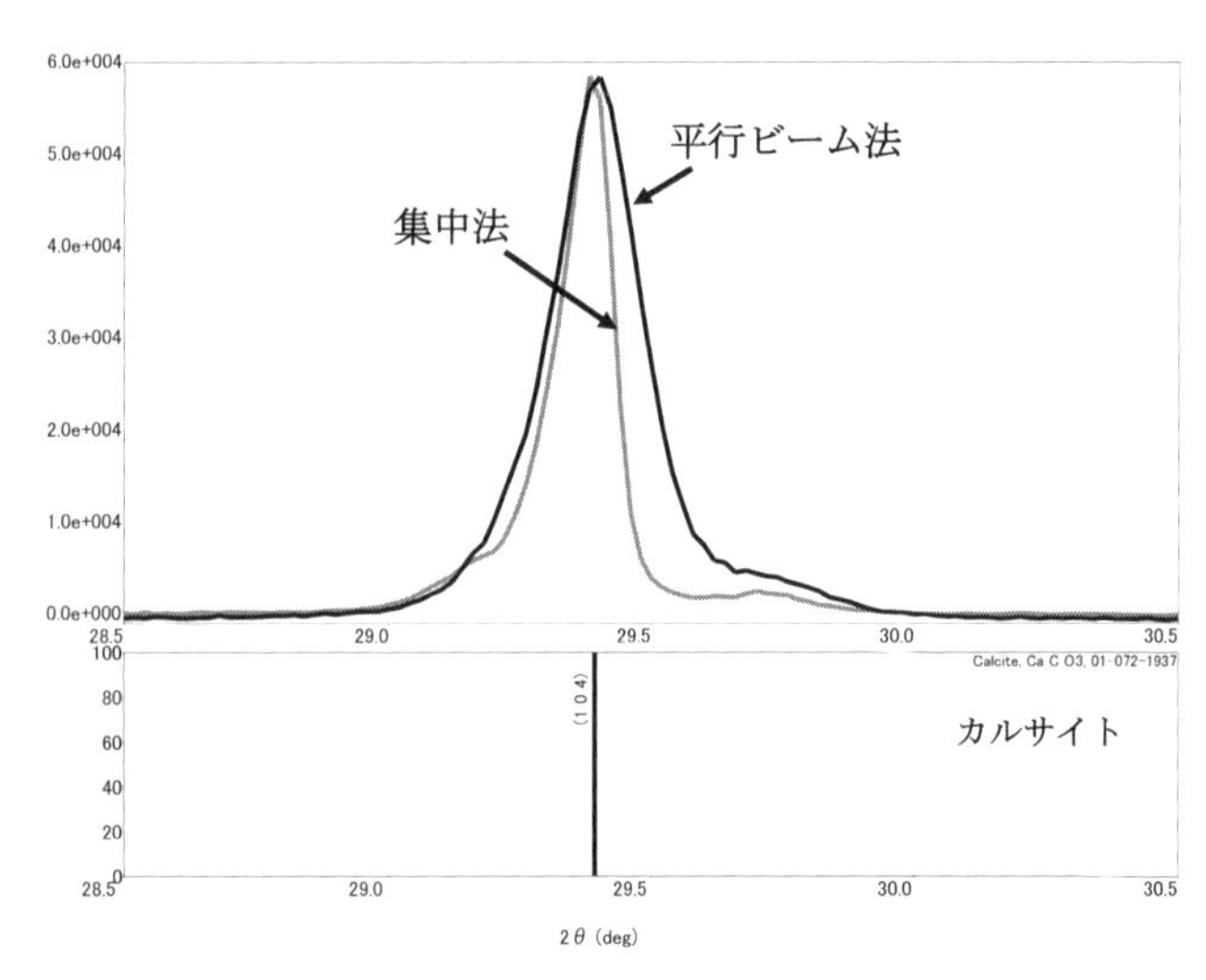

図２・１（２） ホタテ貝殻の（外側）光学系の比較

置に検出されました。集中法のピーク形状はシャープで、３本に分かれました。また、平行ビーム法のピーク形状も２本にわかれました。これは、ホタテの貝殻の外側の表面の溝が深く、その溝にＸ線が照射され、乱反射したことからメインピークの高角度側に、微弱な回折ピークが検出したと推測されます。

２．カキの貝殻

カキの貝殻の成分を確認するためにメノウ乳鉢で粉砕し、ＸＲＤ測定（集中法）を行い、同定解析の結果を表２・１、図２・２（１）に示します。この結果、主成分は炭酸カルシウムのカルサイト（六方晶）でした。

また、カキの貝殻の外側の凹凸のある表面をそのままの状態でＸＲＤ測定（集中法と平行ビーム法）を行いました。検出されました炭酸カルシウムのカルサイトの面指数（１０４）の回折ピークを集中法と平行ビーム法で比較したものを図２－２（２）に示します。この結果、集中法および平行ビーム法の回折ピークのピークトップは、文献値とほぼ同じ位置で検出されました。また、集中法のピーク形状は３本に分かれました。また、平行ビーム法のピーク形状は１本でした。このことから、カキの貝殻の外側の表面をそのままで測定する場合は、平行ビーム法が有効であることがわかります。

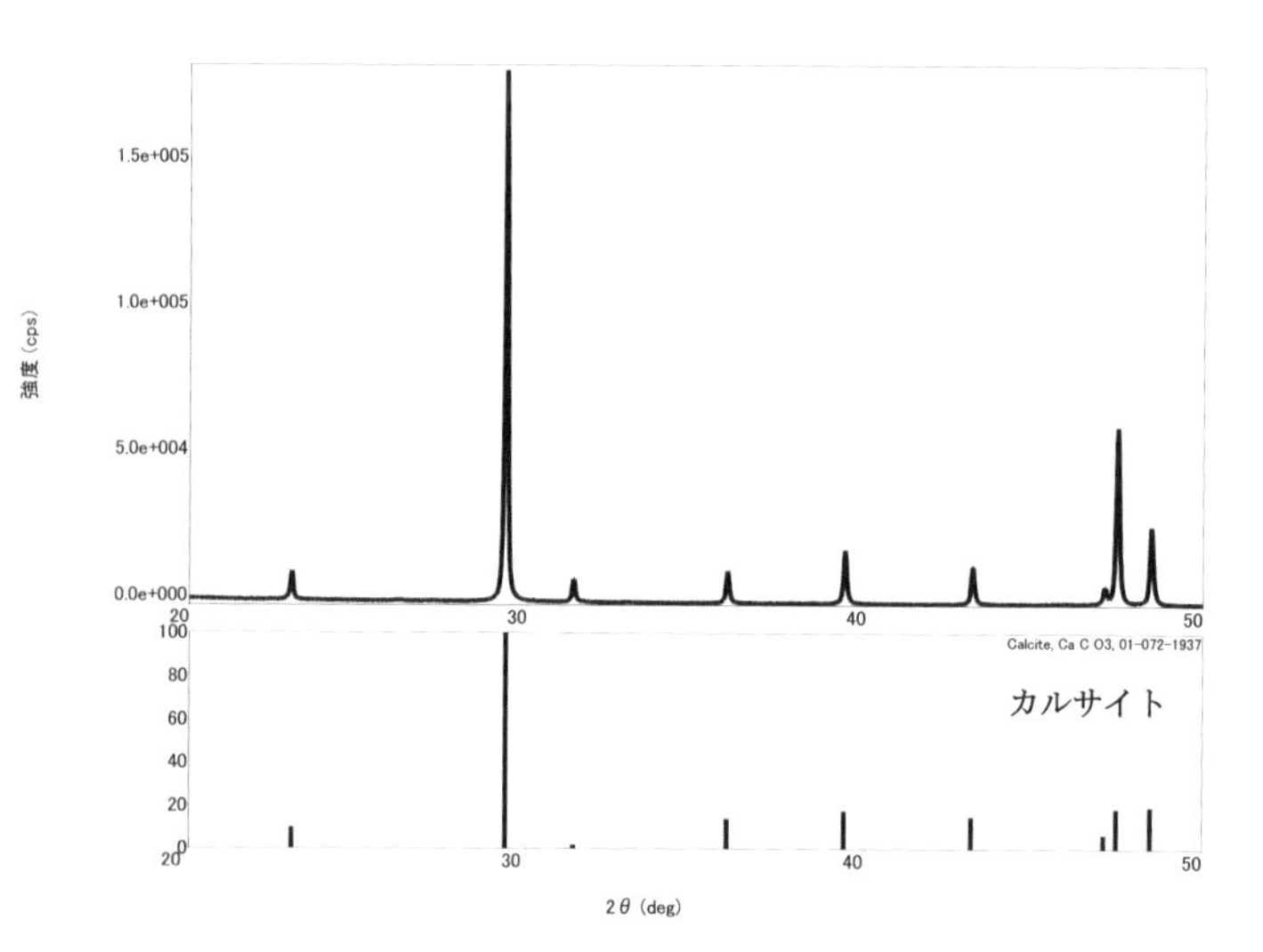

図2・２（1） カキ貝殻（粉砕）の同定解析結果

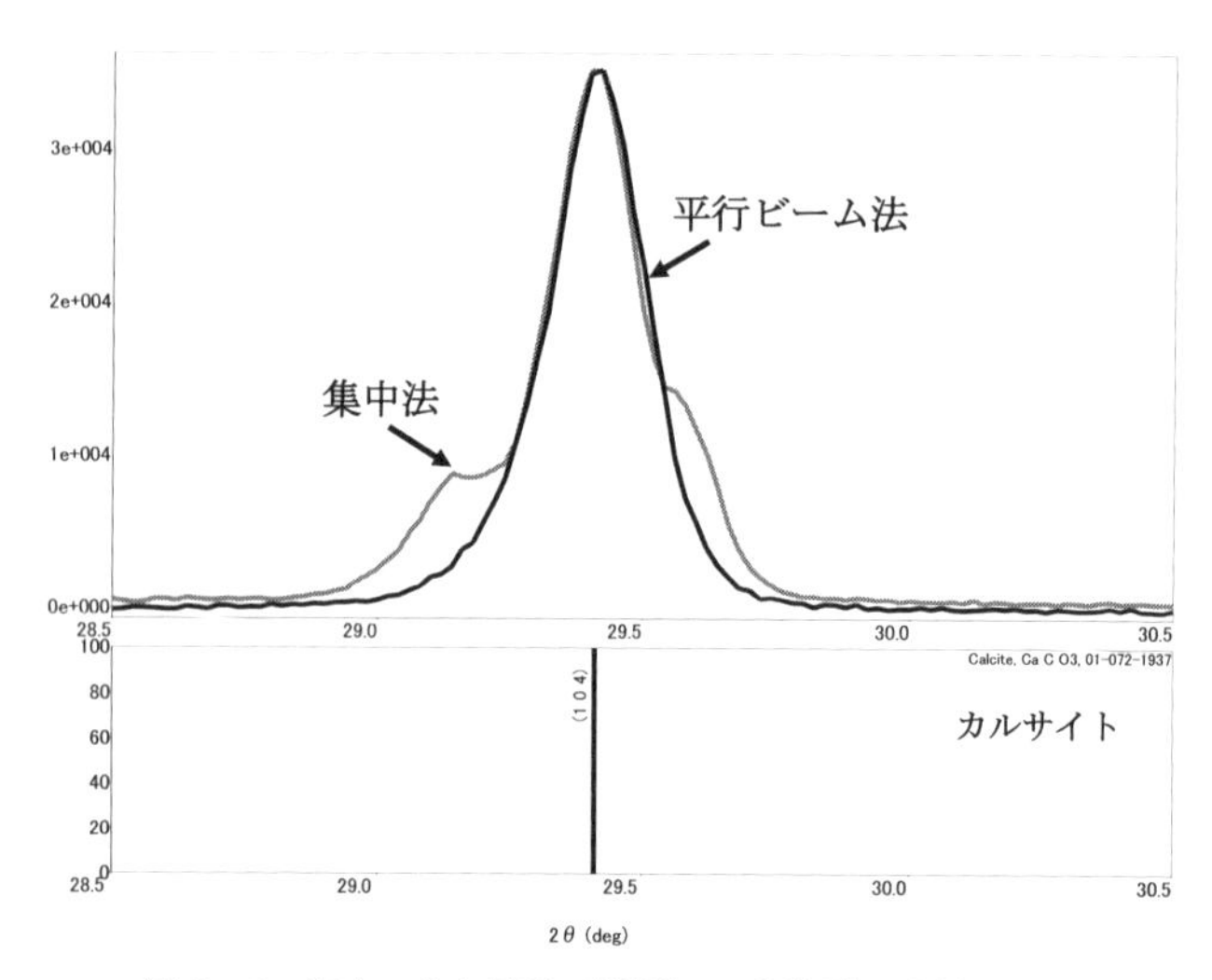

図2・２（2） カキ貝殻（外側）の光学系の比較

３．ホンビノスの貝殻

ホンビノスの貝殻の成分を確認するためにメノウ乳鉢で粉砕し、ＸＲＤ測定（集中法）を行い、同定解析の結果を表２・１、図２・３（１）に示します。この結果、主成分は炭酸カルシウムのアラゴナイト（斜方晶）でした。

また、ホンビノスの貝殻の外側の凹凸のある表面をそのままの状態でＸＲＤ測定（集中法と平行ビーム法）を行い、検出された炭酸カルシウムのアラゴナイトの面指数（０１２）の回折ピークを集中法と平行ビーム法で比較したものを図２・３（２）に示します。この結果、集中法の回折ピークは文献値よりも低角度側に検出され、ピーク形状は１本でした。また、平行ビーム法の回折ピークは文献値とほぼ同じ位置に検出され、ピーク形状は１本でした。これらのことから、ホンビノスの貝殻の外側の表面をそのままで測定する場合は、平行ビーム法が有効であることがわかります。

ホンビノス貝は写真２・２のように外観はハマグリ貝とよく似ています。ホンビノス貝は二枚貝綱マルスダレガイ科の一種で、海岸に近い潮間帯の砂や泥の中に生息し、貧酸素や低塩分に対する耐性があり、アサリ貝やハマグリ貝が生息できないような水域にも生息します。原産分布海域は北アメリカ大陸の大西洋側でしたが、ヨーロッパ、台湾や中国へと広がりました。

日本へ入ってきたルートには諸説ありますが、今では東京湾などに定着しています。しかも

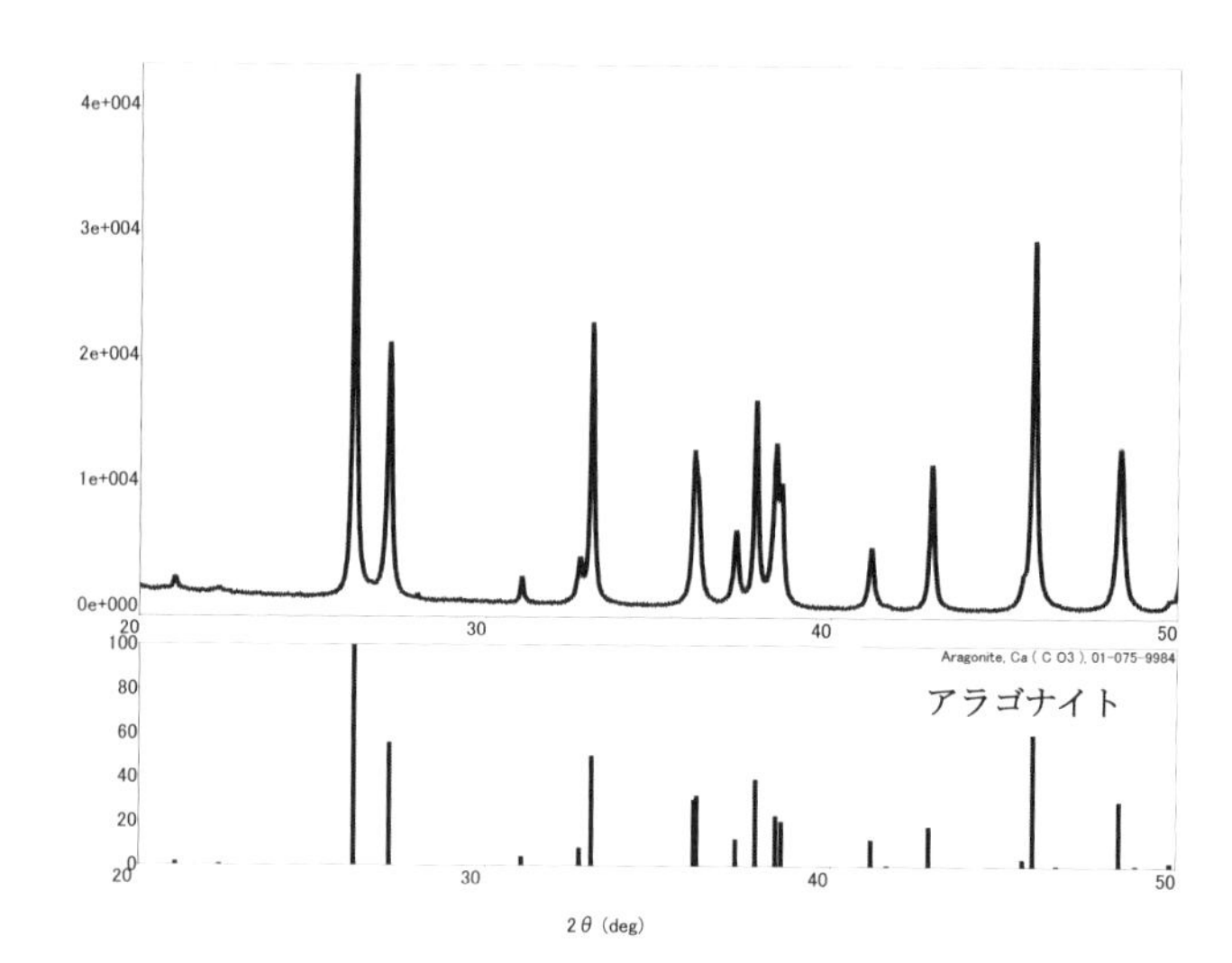

図2・3（1） ホンビノス貝殻（粉砕）の同定解析結果

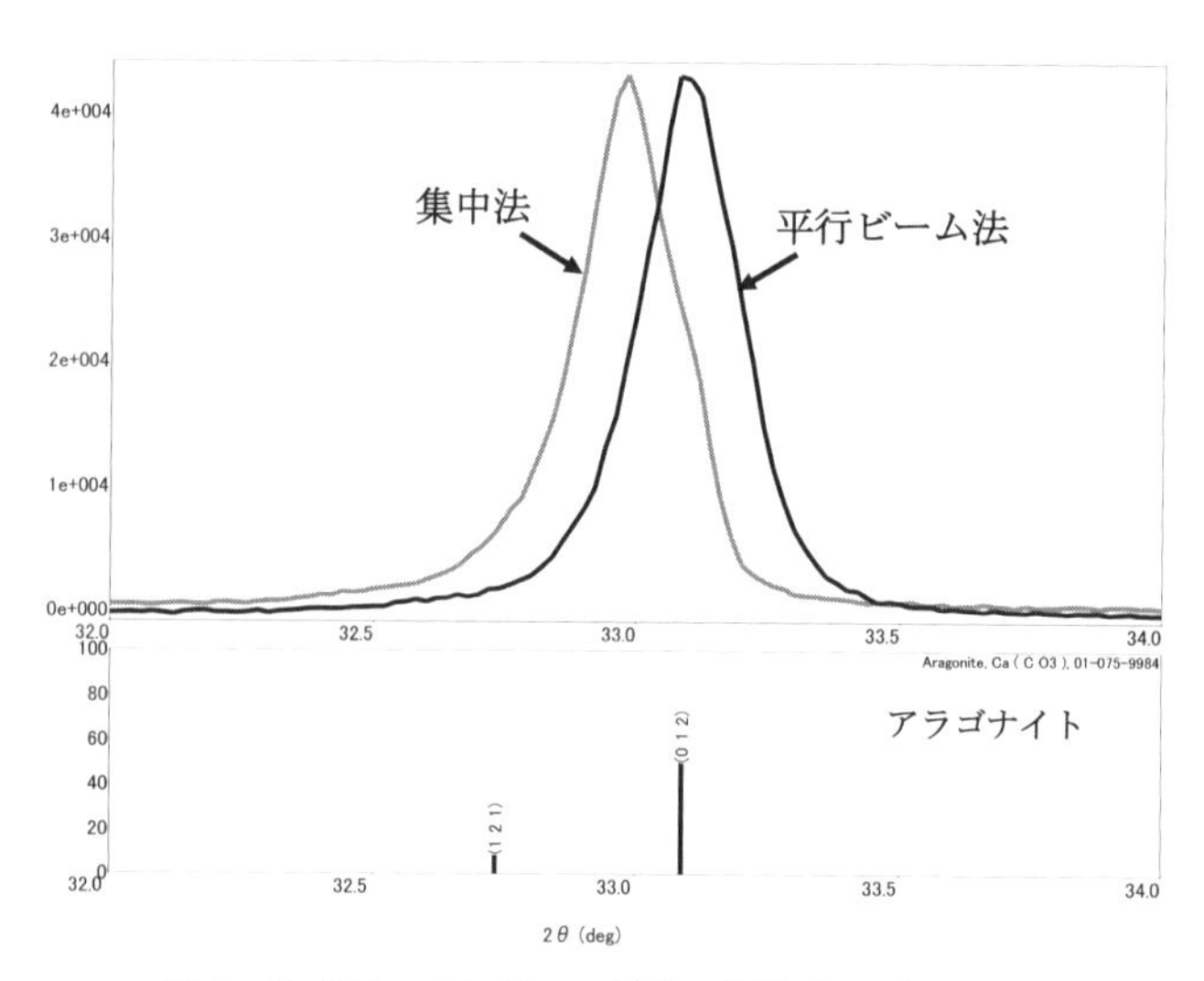

図2・3（2） ホンビノス貝殻の光学系の比較

写真２・２　ホンビノス貝とハマグリ貝の外形比較

食用になるので注目されている貝です。２０００年頃から日本でも繁殖し、現在、千葉県の船橋市や市川市で多く採取されています。一方で、ハマグリ貝は古くから日本で採れる在来種です。このホンビノス貝はハマグリ貝として比較して丸みが強く、左右非対称で、殻頂がやや曲がった形をしています。また、ハマグリ貝はマルスダレガイ上科のマルスダレガイ科に属し、アサリと同じに分類される二枚貝の一種です。国内に食用として中国・韓国産のシナハマグリが流通の90％以上を占めています。このシナハマグリは殻の光沢の有無や斑（まだら）、殻の形によって大まかに見分けることができます。また殻の両端の伸び具合がほぼ同様な丸みを帯びた三角形の貝殻を有しています。

このハマグリの貝殻がホンビノスの貝殻の成

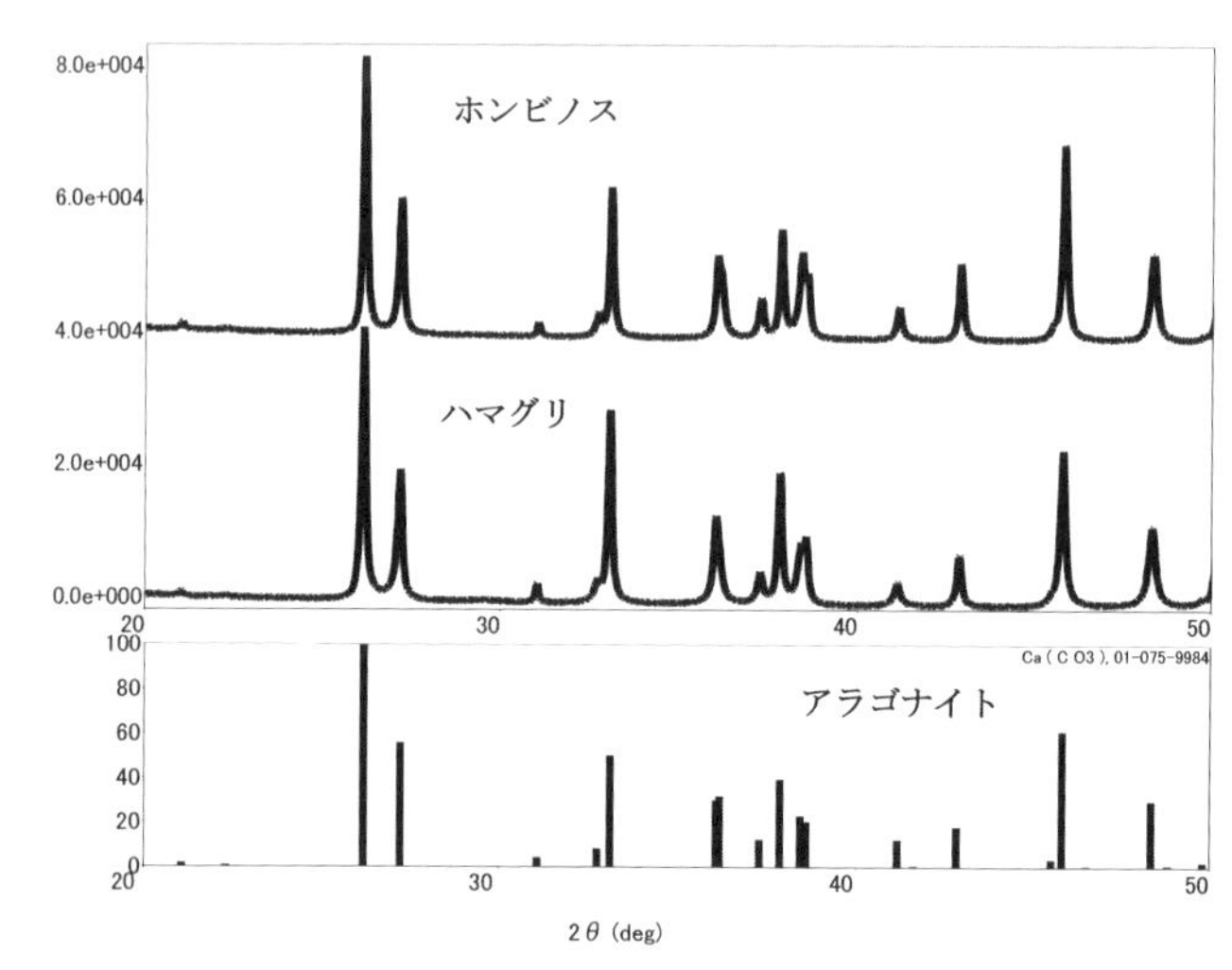

参考図２・１　ホンビノス貝殻とハマグリ貝殻（粉砕）の同定解析結果

分と同じであるかを確認するためにメノウ乳鉢で粉砕し、ＸＲＤ測定（集中法）を行いました。同定解析の結果を参考図２・１（縦軸はプロファイルごとに上下にずらして表示）に示します。ハマグリの貝殻の主成分はホンビノスの貝殻と同じ炭酸カルシウムのアラゴナイト（斜方晶）で、結晶学的には２つの貝はまったく同じでした。どのような経緯でホンビノス貝とハマグリ貝が分化してきたのかは、とても興味があります。

（４）色々な貝殻のリートベルト解析（定量と結晶構造）

Ｘ線回折（X-ray diffraction: ＸＲＤ）測定によってさまざまな結晶性物質が何であるかを調べることが可能であることは広く知られ

ています。しかし、回折パターンには他にも様々な情報が含まれており、ある関数によって回折パターンを表すことでそれらのパラメーターを数字として算出することができます。例えば、今回の貝殻は炭酸カルシウムによってできていますが図２・４に示すように２種類の構造が存在します。構造内にはカルシウムイオン（Ca^{2+}）と炭酸イオン（CO_3^{2-}）が含まれます。Ｘ線回折パターンはこの２種類の構造を見わけることができ、さらに解析することによって結晶構造内の①格子定数（構造の大きさ）、②占有率（Ca^{2+}やCO_3^{2-}がどの程度入っているか）、③分率座標（Ca^{2+}やCO_3^{2-}がどの場所にあるか）、④原子間距離（C－O, Ca－Ca間の長さ）、⑤原子変位パラメーター（実際の原子は熱などによって揺れており、その程度を示す）⑥結晶子径（結晶の大きさ）、⑦アモルファス量（結晶になっていない量）などを数字として算出することができます。また、Ｘ線回折パターンの特徴として定性分析からもわかるように結晶構造が違えばピークは異なる角度に現れます。それらのピークの大きさ（ピーク積分強度）をリートベルト解析によって求め、含まれている構造に割り当てることによって、含まれる各構造の重量％が算出できます。このように回折パターンから値としてさまざまなパラメーターを算出するのがリートベルト解析となります。

リートベルト解析とは定性分析によって判明した構造を基本にして、実際測定したＸ線回折パターンを最もよく再現させるように、基本構造中の先程のさまざまなパラメーターを変化さ

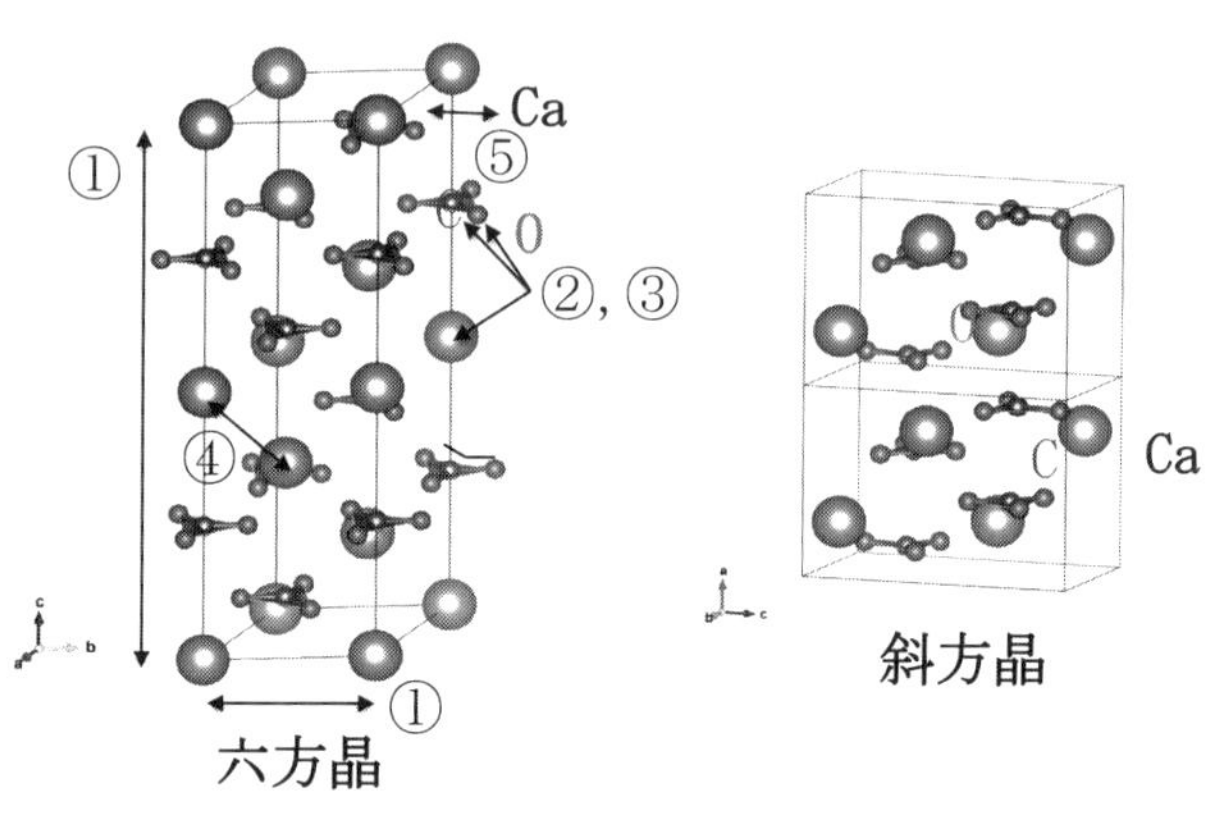

図２・４　結晶構造

せ決定していく手法です。具体的にはある観測角度iの実測回折強度y_iと計算回折強度$f_i(x)$の差（y_i-$f_i(x)$）の２乗の和S(x)が最小となるように、$f_i(x)$内の先程の構造パラメーターを非線形最小二乗法によってパラメーターを最適化します。

$$S(\boldsymbol{x}) = \sum_{i=1}^{N} w_i\left[y_i - f_i(\boldsymbol{x})\right]^2$$

実験値と計算値が一致することで、さまざまなパラメーターが議論できます。このようにして無機材料で必ず測定しているＸＲＤ測定から、さまざまなパラメーターを算出することが可能となります。例えば、これらのパラメーターがわかるとどこで採取された貝であるか、どのような種類の貝であるのか、いつの時代の貝であるかなどを考えることができます。また、Ｘ線回折パターンは結晶中の電子からＸ線が跳ね返ることを利用しています。よって、電子の情報がX線回折パターンに含まれています。リートベルト解析データを用いることで結晶中の電子の分布を算出することができます。

このリートベルト解析は、オランダ人結晶学者ヒューゴ・リートベルト（Hugo. M. Rietveld）が1960年代後半に、粉末サンプルの解析に適用する新しい手法として開発しました［7、8］。それまでは単結晶（全てが1つの結晶で構成されている。図2・4に示す結晶構造のように方向が揃っている）のみで結晶構造解析を行っていましたが、大きな単結晶を得るのは困難で、一部の材料でしか構造解析ができないような状態でした。しかし、リートベルト解析が開発され、粉末材料を用いた精密構造解析が可能となったことにより、多くの材料の構造解析に用いられるようになりました。リートベルト解析が開発された1960年代は、それほどコンピューターが発達しておらず、大型コンピューターでも計算に数10日かかっていました。現代ではノートパソコンを用いて数10分程度で終了するようになりました。また、国内外で多くの無料ソフトが配布されています。とくに日本では元物質・材料研究機構の泉氏が開発したリートベルト解析ソフトRIETAN-FP［9］があります。これによって結晶構造、電子構造可視化ソフトVESTA［10］の組み合わせによって、解析結果を3次元的にわかりやすく見せることができます。また、リチウムイオン電池の研究が盛んに行われ、使われている材料の一部が酸化物であったこともあり、リートベルト解析が積極的に利用されるようになりました。しかし、

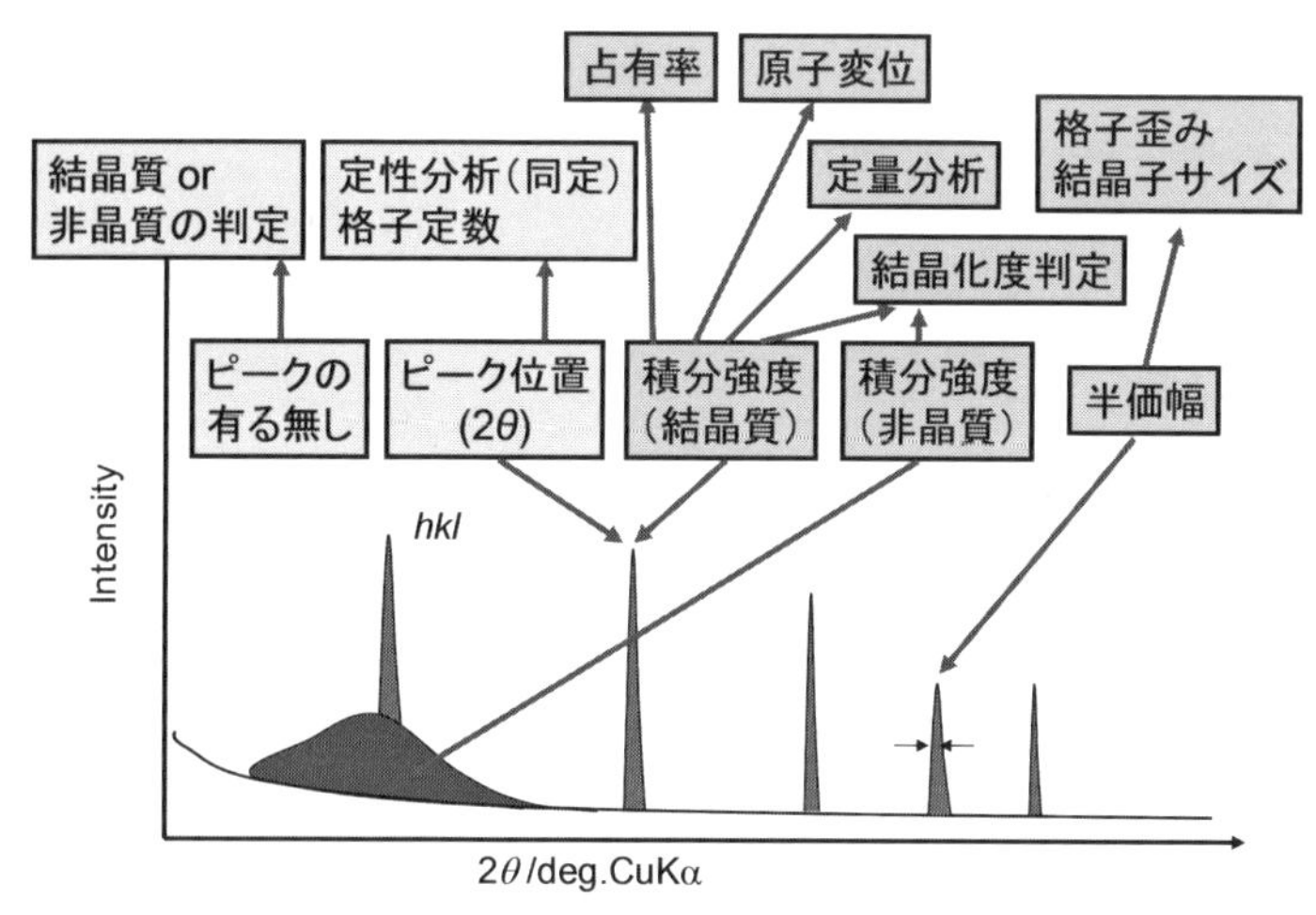

図2・5　XRD パターンと各パラメーター

リートベルト解析では数10ものパラメーターを決めていかなければなりません。また、図2・5に示すように、格子定数はピーク角度位置によるので、他のパラメーターと相関性はほとんどないのですが、ピーク積分強度から求めるパラメーターはお互い独立でなく、相関を持っています。場合によっては間違った答えになることもあります。そのためにも結晶学、統計学、また固体物理や材料に関する知識も必要になってきます。今回、リートベルト解析で協力頂いた伊藤氏（日産アーク）は「RIETAN-FPで学ぶリートベルト解析」を執筆しており、ソフトのインストールから実際のリートベルト解析、エラーメッセージの対応まで懇切丁寧に書かれています[11]。リートベルト解析を正確に行うには絶対値で議論せず、同時期に測定した回折

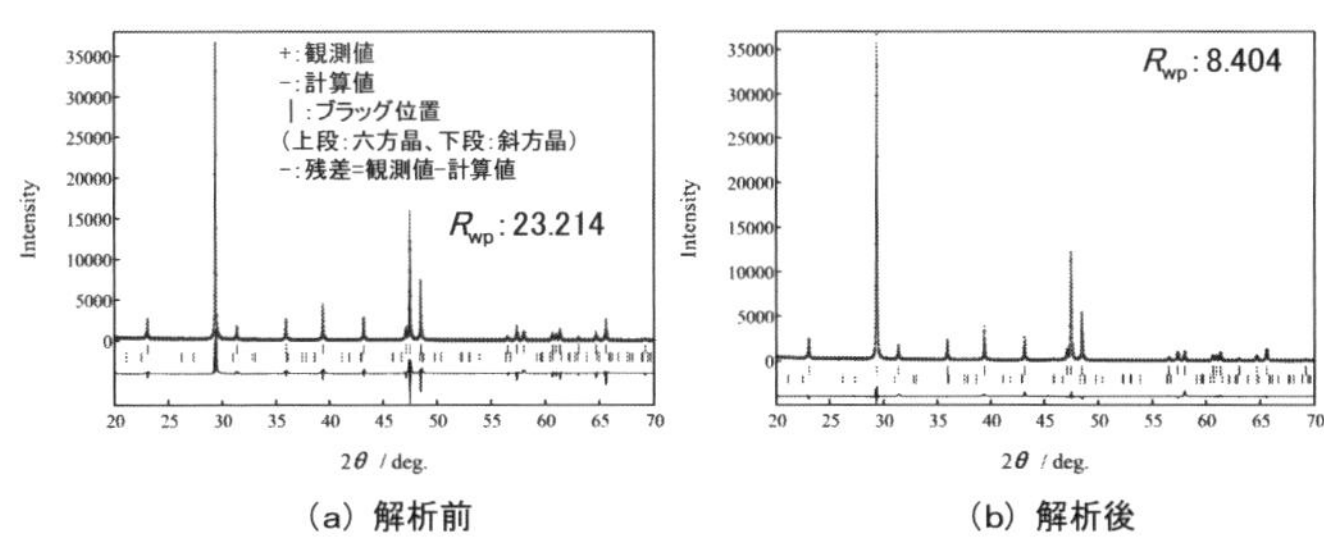

（a）解析前　（b）解析後

図２・６　カキ貝殻のリートベルト解析結果

パターンの比較によって議論することが大切です。多くのデータを解析し、物性や化学分析を相補的に利用し、適したリートベルト解析を実施するよう心がけています。今回、リートベルト解析にはRIETA-FP、電子密度解析にはDysnomia［12］、３次元化にはVESTAが用いられています。

次に結果について説明します。カキ貝のリートベルト解析結果を図２・６に示します。＋：観測値、－：計算値、｜：ブラック位置（ピーク角度位置）、一番下の実線は残差：（観測値－計算値）となります。つまり残差が「０」に近く直線であれば、観測値と計算値は一致していることになります。また、図中の解析の信頼度を示すパラメーターでR_{wp}は$S(x)$を示し、小さければ小さいほど解析の信頼性が高くなります。R_{wp}が10以下であれば適切に解析されていると考えられます。図２・６（a）は解析前、（b）は解析後になります。ホタテ貝は斜方晶のピークは確認されず、立方晶のみとなりました。図２・６（a）は残差が大きいピークがありますが、R_{wp}も大きいことがわかります。一方、図２・６（b）

は残差は小さく、またR_{wp}も小さくなっており、観測値と計算値が一致していることがわかります。図2・6（b）のような状態で各パラメーターが議論できるようになります。

図2・7にホンビノス貝のリートベルト解析結果を示します。六方晶と斜方晶ではピーク角度位置、ピーク数、ピーク形状が違います。ホンビノス貝ではカキ貝とは違って六方晶は確認されず、斜方晶のみとなります。図2・6では六方晶のみ、図2・7では斜方晶のみのピークが確認されていますが、図2・7で斜方晶、図2・6では六方晶が0重量％である訳ではありません。伊藤氏らは回折パターンの定量下限について論文発表しています[13]。今回の測定精度ではピークが確認できてない結晶は約1重量％以下となります。図2・8にはホタテ貝のリートベルト解析の結果を示します。ホタテ貝は回折角（2θ）26・2度、27・2度に回折ピークが確認され、主成分は六方晶ですが、少量の斜方晶が含まれていることがわかります。リートベルト解析によってピーク積分強度が正確に評価することが可能で、六方晶、斜方晶の比率が評価できます。このような構造の違いによる定量的な評価は回折パターンデータをリートベルト解析することが唯一の手段と言えます。表2・1および図2・9に各貝殻の六方晶、斜方晶の重量％を示します。カキ貝は六方晶、ホンビノス貝は斜方晶のみですが、ホタテ貝は六方晶が94・5重量％、斜方晶が5・5重量％含まれていることがわかりました。このように貝殻の種類によって六方晶と斜方晶の割合が違うことがわかります。表2・2に六方晶と斜方晶の

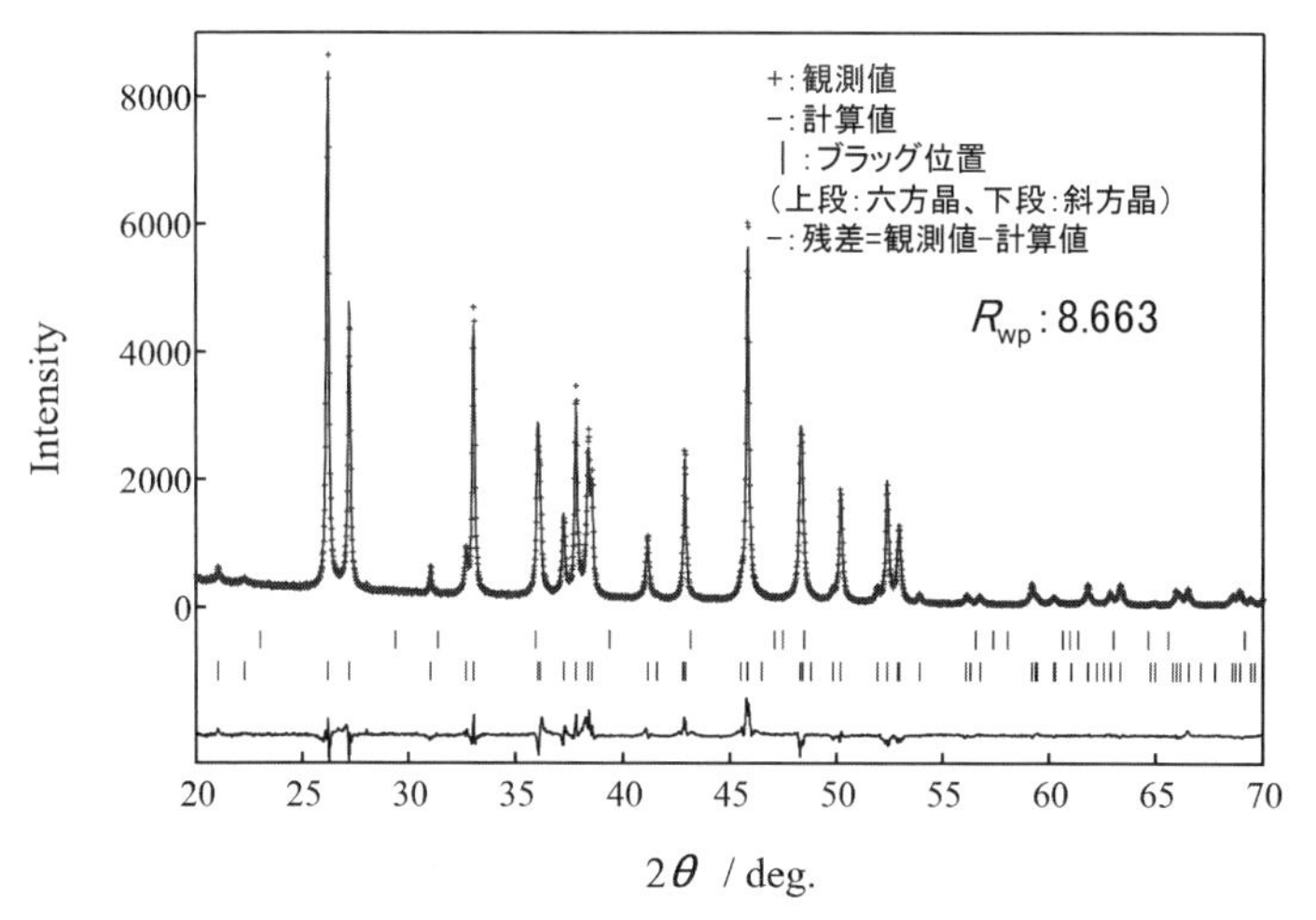

図２・７　ホンビノス貝殻のリートベルト解析

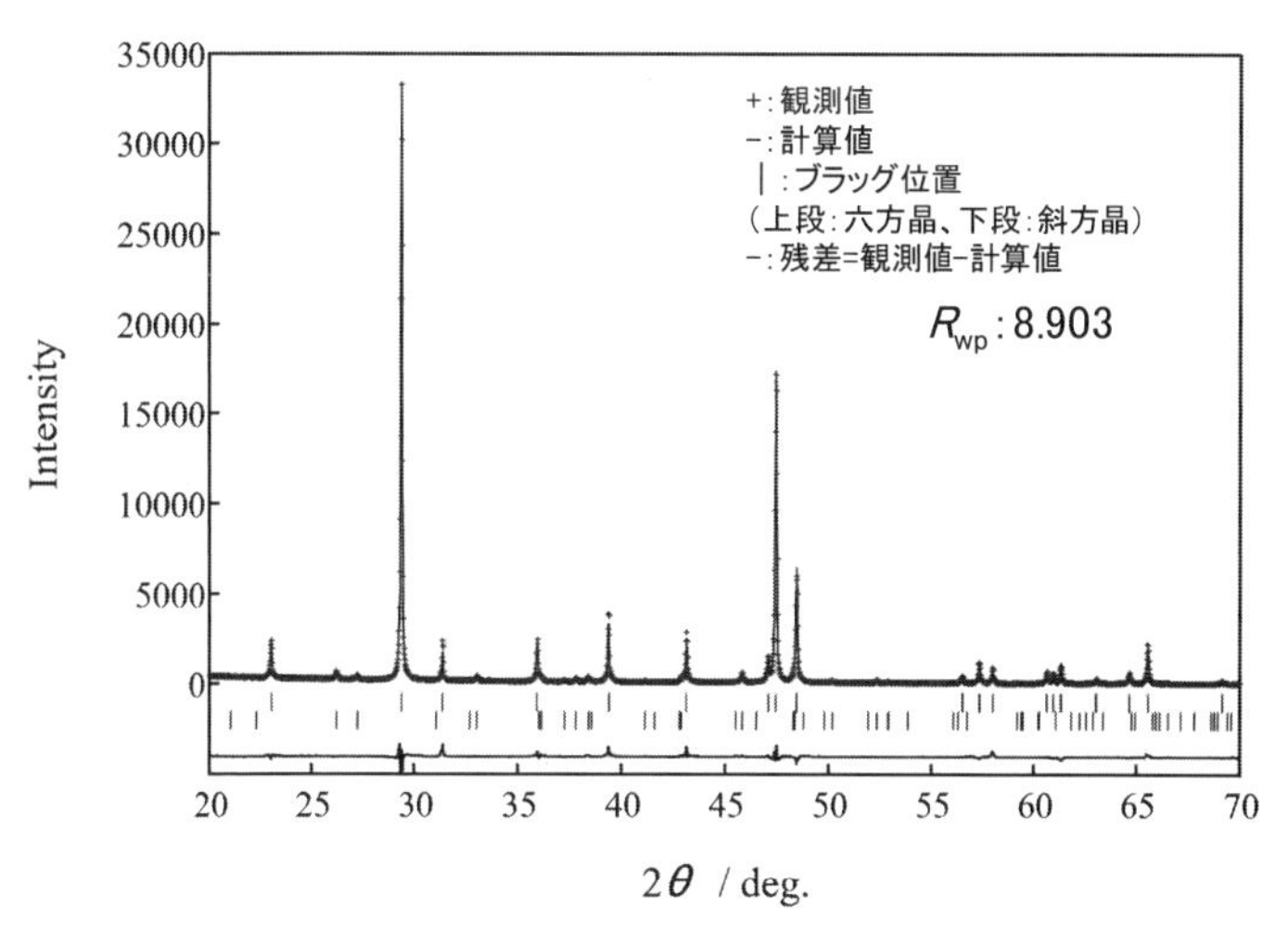

図２・８　ホタテ貝殻のリートベルト解析

表２・１　各貝殻の炭酸カルシウムの六方晶、斜方晶の割合

	六方晶（質量%）	斜方晶（質量%）
カキ	99 以上	1 未満
ホンビノス	1 未満	99 以上
ホタテ	94.5	5.5

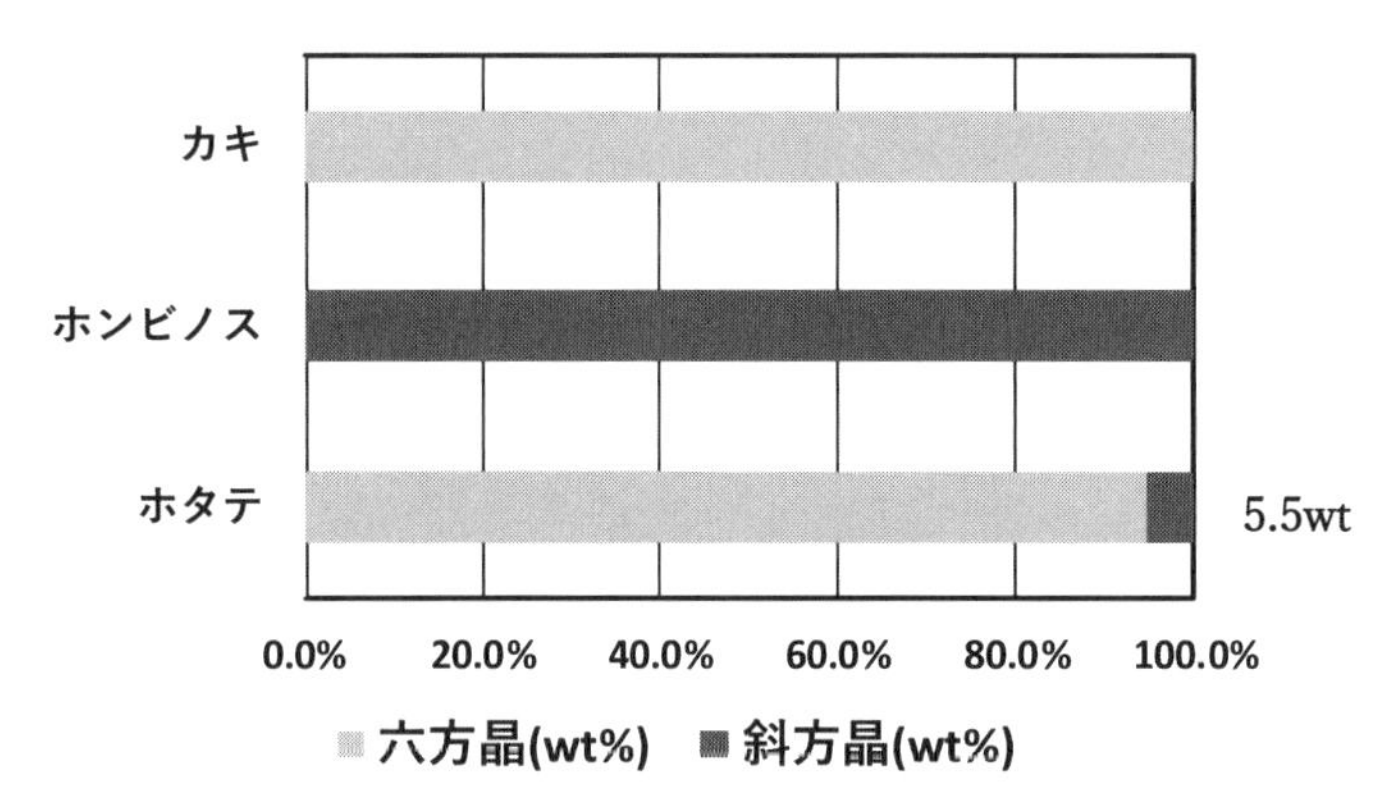

図２・９　各貝殻の炭酸カルシウムの六方晶、斜方晶

構造情報（原子間距離、密度）を示します。貝殻の違いによって六方晶、斜方晶の構造情報はほとんど変わりませんでした。六方晶と斜方晶での構造情報は変わってきます。六方晶より斜方晶が様々な原子間距離を持っていることがわかります。とくにCa－O結合距離は複数の種類が存在しています。これらのことから斜方晶の方が複雑な構造になっていることが推測されます。また、構造情報を得ることで密度を求めることもできます。構造内に含まれている原子の重さ（原子量をアボガドロ数で割ると1原子あたりの重さが求まる）

表２・２　六方晶、斜方晶の結合間距離、密度

	六方晶	斜方晶
Ca－Ca 原子間距離（nm）	0.405 0.499	0.411 0.470
Ca－O 原子間距離（nm）	0.237	0.246 0.251 0.255 …
C－O 原子間距離（nm）	0.126	0.128 0.133
密度（g/cm^3）	2.70	2.92

を構造の体積で割ることによって算出できます。このことから六方晶より斜方晶の方が、密度が高いことがわかります。

回折パターンは電子情報を反映しています。理想的には回折パターンは実際の電子分布をフーリエ変換したデータであるので、それを逆フーリエ変換すれば電子分布が得られます。フーリエ変換とは同じように繰り返し続く状態（例えば同じ間隔で植えられている木など）を１つの数字として表します。それを逆フーリエ変換することで等間隔に植えられた並木を表現できるのです。あまり知られていませんが、実はフーリエ変換はさまざまな分野で利用されています。みなさんが利用しているスマートホンの電波にはなくてはならない技術です。構造解析の分野でもフーリエ変換は欠かせません。しかし、フーリエ変換は回折パターンなどの回折の場合、０度から無限大の角度までのデータ

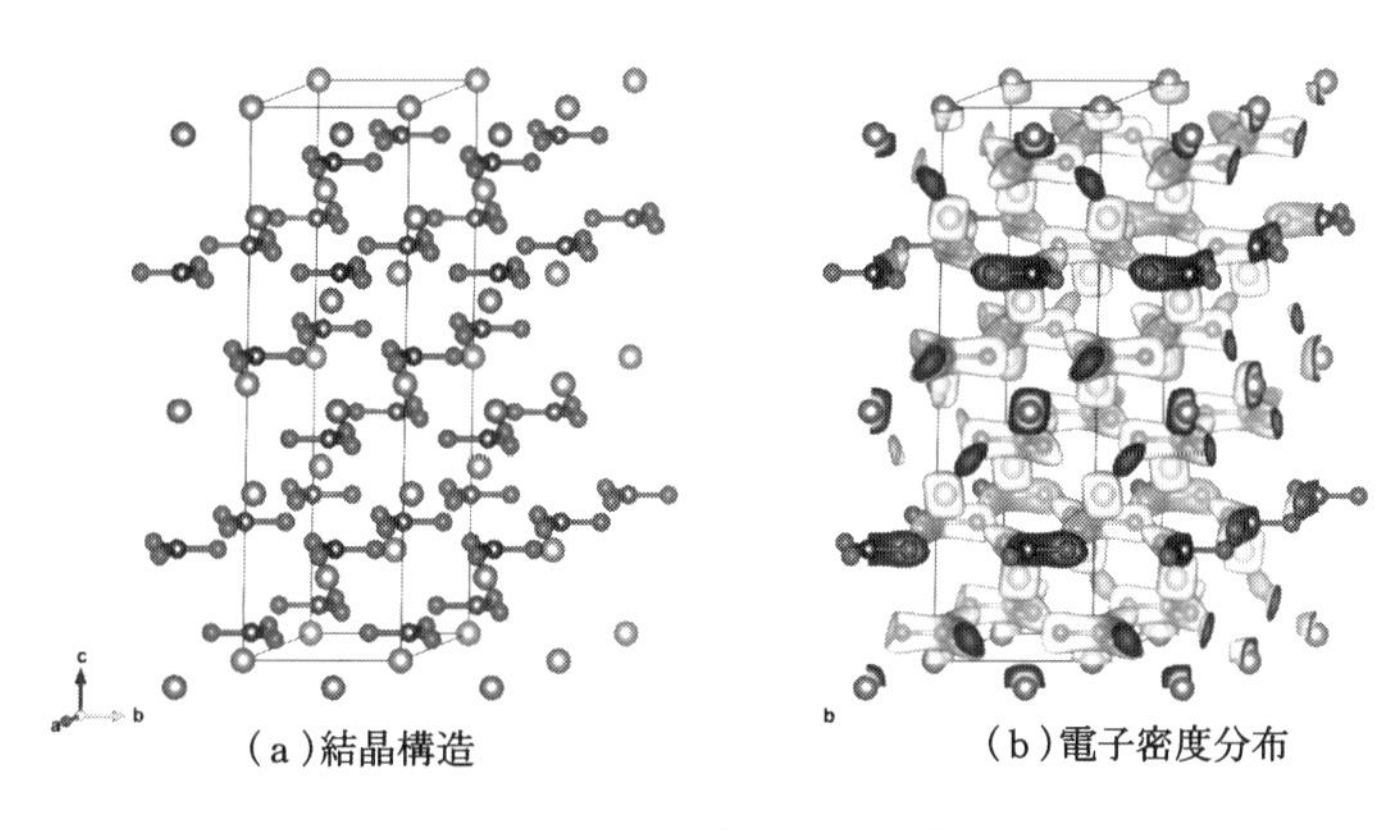

図2・10　カキ貝殻の電子密度分布

が必要になります。不完全なデータでフーリエ変換した場合、電子のない所に電子分布が出てきたり（ゴースト）、マイナスの電子密度になったりする場合があります。そこで情報処理技術で利用されていた最大エントロピー法（Maximum Entropy Method: ＥＭＥ）解析が回折パターンから電子密度分布を可視化するために開発されました［14］。

基本はフーリエ変換になりますが、電子同士は離れる、構造内の電子数が変化しない、負の電子密度を持たないなどの制約条件の下、リートベルト解析での残差（観測値－計算値）に電子をばらまいたり、電子を差し引いたりして回折パターンに合うように電子密度を決定します。リートベルト解析における各原子の電子分布は球で仮定していますが、ＭＥＭ解析では共有結合なども反映されます。図２・10はカキ貝（六方晶）を、図２・11はホンビノス貝（斜方晶）の構造と電子

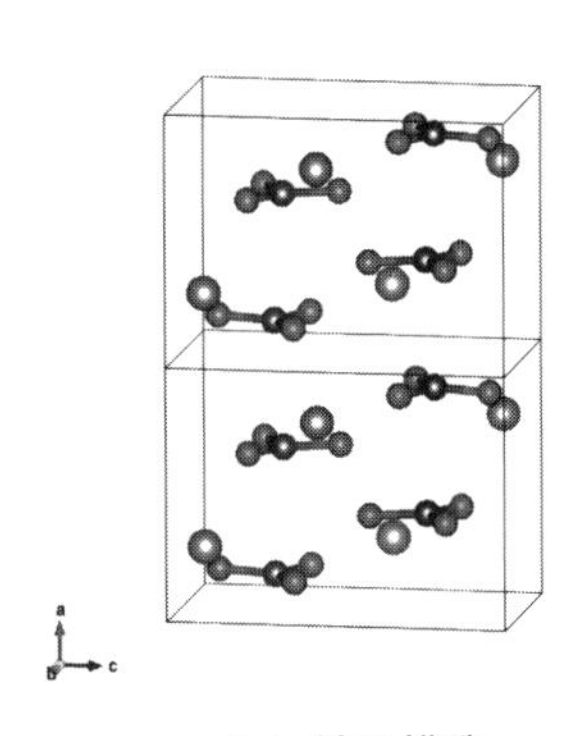

（a）結晶構造

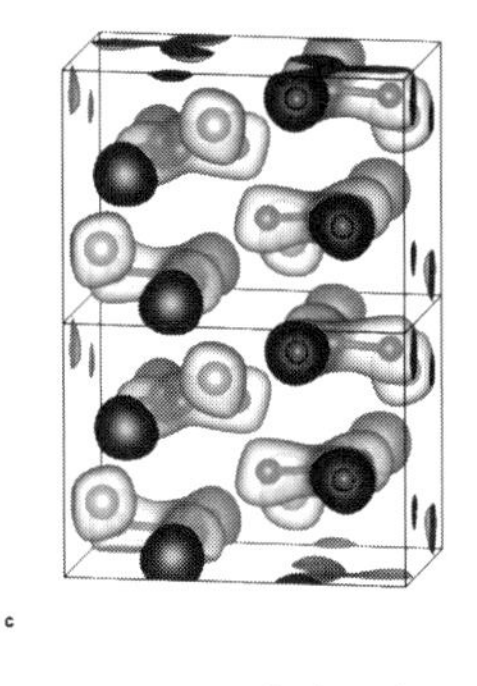

（b）電子密度分布

図２・11　ホンビノス貝殻の電子密度分布

密度分布を示します。どちらもCO_3^{2-}イオン中のＣ－Ｏ間は電子が分布しており、強い共有結合が存在することが推測されます。一方、Ca^{2+}イオンは他の原子と電子は共有していないことがわかります。つまりイオン結合に近い状態にあると考えられます。

このようにリートベルト解析を実施することで、同じ構成元素で構造が違う物質の比率が算出でき、構造情報を得ることができます。リートベルト解析結果を用いてＭＥＭ解析することで電子密度分布を可視化し、議論することが可能となります。このように回折パターンをリートベルト解析することで、さまざまなパラメーターや電子密度分布を定量的に議論することが可能となります。

第3章　各種酸化チタン皮膜の測定

純チタン（Ti）の上に、各種方法によって生成させた酸化皮膜（TiO_2など）のサンプルは前述したようにアナターゼ型か、ルチル型のどちらかであることによって抗菌性が大きく異なることがわかっています。これまでチタンの抗菌性については、チタンそのものの殺菌作用ではなく、光励起したときだけに生成する活性酸素によるものであり、ほかの抗菌剤とは性質がまったく異なるという報告が多くあります。この意味で、「酸化チタンには抗菌性がある」という表現には違和感があります。朝倉らは一般社団法人日本チタン協会の助成金を得て、２０１７〜20年にブラックライト（可視領域の40㎚よりも波長が短い光＝紫外線を中心として発しているライトの総称で、可視光よりもエネルギーの高い光が出ているため、可視光では得られない蛍光反応や、対象物によりさまざまな反応が見られる）を照射して実験を行いました。

また金属チタン（ＪＩＳ 純チタン２種）に各種の表面処理を施して、シェーク法（ＳＩＡＡ）によって抗菌性を評価していますが、チタンの表面に生成された酸化皮膜がアナターゼ型か、ルチル型であるかが曖昧でした。そこで、そのどちらかであるかを特定するためにＸＲＤ法を用いて、実験を遂行しました。測定装置はリガク製、Ｘ線回折装置SmartLab9kWを用いました。電圧は45kV、電流は２００㎃です。用いたカソードはCuKαです。また光学系を平行ビーム法にし、試料表面部の情報を得るために入射角（θ）を小さく固定し、検出角（２θ）のみを走査する「斜入射非対称法」を用いました。用いた酸化チタンのサンプルを表３・１に

表３・１　酸化チタンの測定サンプル

No.	酸化処理（メーカー）の方法と特長
A	無処理
B	陽極酸化（ゴールド色処理）
C	陽極酸化（グリーン色処理）
D	東大処理（１）表
	東大処理（２）裏
E	日本鉄板（１）表
	日本鉄板（２）裏
	日本鉄板（３）
F	フレッシュグリーン（オファー）
G	光触媒チタン箔（東洋精箔）

示します。

サンプルＡは無処理の金属チタン、陽極酸化のゴールド色処理を施したサンプルをＢ、グリーン色処理を施したものをサンプルＣとしました。なお陽極酸化はサンプルの表面に形成された酸化皮膜の厚さが３００㎚以下（基本として透明膜）の場合に、母材界面と皮膜表面で反射した光との「干渉」によって発色される色です。この酸化皮膜は薄い側ではゴールド色、厚い側ではグリーンもしくはブルー色に発色します。サンプルＤは東大処理として純チタンを熱処理によって作成しました。サンプルＥは日本鉄板（現 日本製鉄）製のもので、外観は東大処理と酷似しています[15]。サンプルＦは「フレッシュグリーン」とネーミングされたものでオファー社製です[16]。サンプルＧは光触媒チタン箔[17]で東洋精箔製でしたが、現在では合併を重ねて、(株)日立金属ネオマテリアルと商号を代えています。

(1) チタンの表面に生成された酸化チタン皮膜のX線解析例

1. 無処理の金属チタン

無処理状態におけるチタン表面のXRD解析したものを図3・1に示します。何も処理していない状態ですから、金属チタンだけの典型的なピークが観察できました。図の読み方ですが、最上段の波形が2θ時における特性X線の強度を示します。ピーク値が高いほどその元素量が多いと考えても間違いありません。最下段にあるラインは金属チタン、中段(下から2番目)がルチル型の酸化チタンです。下から3番目がアナターゼ型酸化チタンのピークです。それぞれのピークと酸化チタンのラインが合致すれば、その物質に相当します。X線強度(可視光線でいう明るさに相当します。つまり特定X線とは、ある原子の電子軌道や原子核において高い電子準位から低い電子準位に遷移する過程で放射されるX線で、結晶系や原子番号によって特異的なピークが現れます。機器分析で使われる単一波長のX線として利用されています)は、発生源となるターゲット(元素)でも異なります。無処理状態におけるチタン表面のXRD解析したものを図3・1に示します。何も処理していない状態ですから、金属チタンの典型的な、きれいなピークが観察できました。

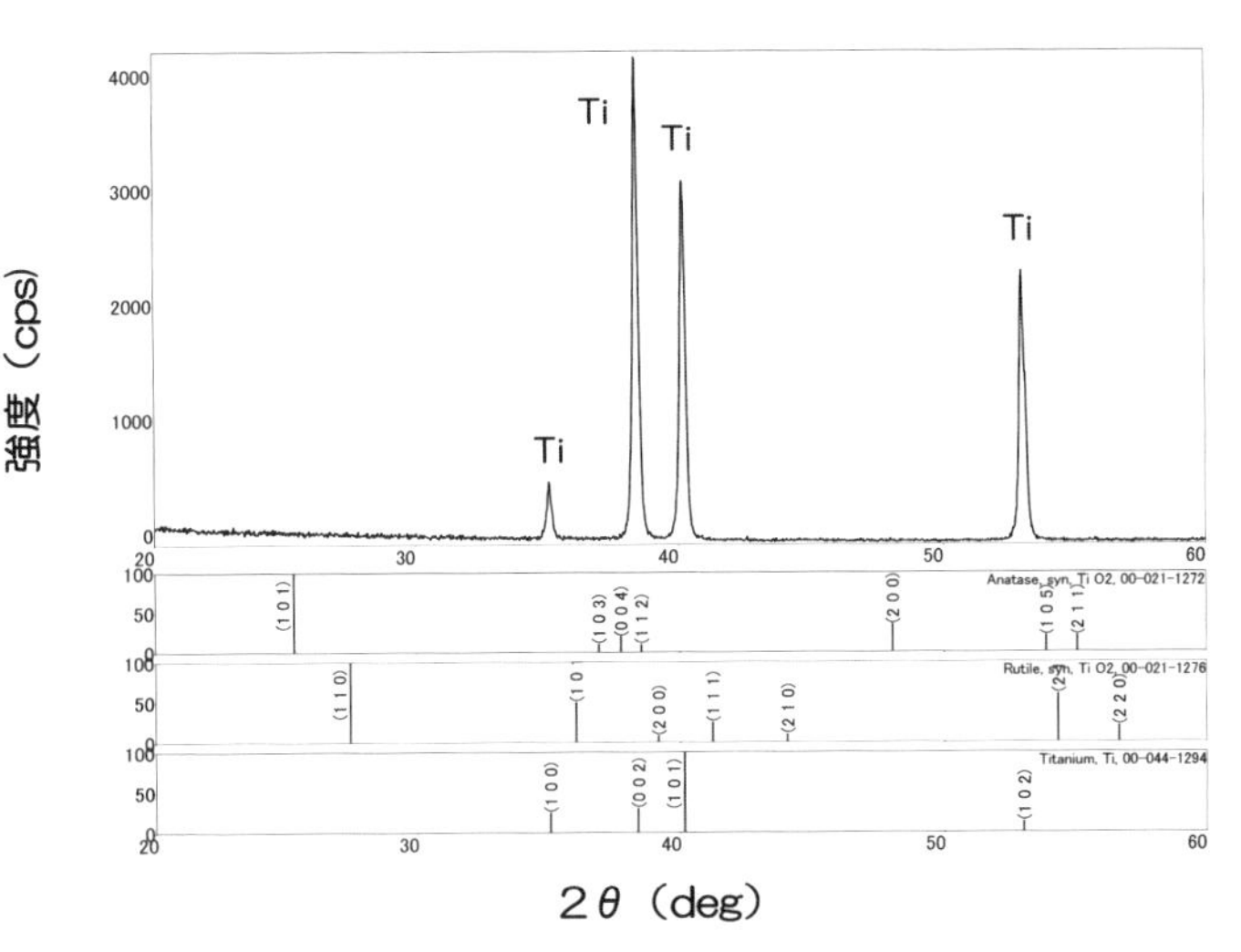

図３・１　サンプルＡ（無処理）のＸ線回折パターン

なお現在では二酸化チタン（TiO_2）に毒性を指摘したり、水に溶けたりすることを指摘する研究者は、ほとんどおりません。二酸化チタンにはルチル型とアナターゼ型、ブルッカイト型の３つがあります。違いは簡単には以下のとおりです。ルチル型は工業用塗料や化粧品などに使われています。アナターゼ型は光触媒に適しているといわれています。つまり還元力がつよいために酸素を還元しやすい物質と考えられています。他方で、ブルッカイト型の光触媒作用は確認されていないため、ほとんど利用されていません。したがってアナターゼ型のタイプには抗菌性が認められています。なおルチル型の一部にも抗菌性が認められるという報告もあります。ここで酸化チタンの光触媒の応用例を以下に示します。①建材＝防汚性（屋外の壁汚れのセルフクリーニング効果など）、抗菌＝かび、ねめり、病原菌、防臭＝たばこ臭、ホルマリン臭など。②空気清浄＝大気汚染の除去）、排気ガスの清浄化、タバコ臭やペット臭の除去。③水処理＝塩素除去、界面活性剤への利用や病原菌の駆除など上水処理や排水処理。さらに土壌や、地下水の清浄化など多くの効果が認められています。

2．陽極酸化ゴールド色とグリーン色の解析例

陽極酸化は主にチタンの極表面層に薄い皮膜が生成された状態です。発色法としては陽極酸化法と高温酸化（熱処理法）があります。皮膜は脱脂と酸洗いが十分に行われていないと、不均一になってムラが生じてしまいます。つまり、酸化皮膜の厚さに応じて特定の色の光だけが強められる結果、その表面に虹のような色が見えるのです。

チタンの酸化皮膜表面（無色透明）に入射した光の一部は屈折して、酸化皮膜へ入り、金属チタンと酸化皮膜の境目で反射して大気中へ出て行き、私たちの目に届きます。酸化皮膜へ入らなかった残りの光は酸化皮膜の表面で反射し、大気中へ進みます。このように酸化皮膜の一点から目に入った光は酸化皮膜を通った光と、通っていない光が混じり合います。これはどのような色の光でも生じています。ほとんどの色は単に光が混じり合うだけで、強め合うことはありません。これは酸化皮膜の厚さによって、ある特定の色の光だけが強められるからです。

結果として、特定の色が見えるという現象が生じます。どの色でそれが起こるかは、酸化皮膜の厚さによって異なります。チタンに入射した光は、一部が酸化皮膜の表面で反射し、残りは酸化皮膜へ入って金属チタンの表面で反射して出ていきます。この２種類の光の位相がきちんとそろったときに、互いに強め合います。つまり光の干渉が生じることによって、特定の色の光だけが強調されて見えるのです。この〈位相がそろう〉という条件を満たすかどうかは、酸化チタンの膜厚が大きく影響しています。

波長と色の関係は酸化チタンの膜厚と光の角度で決まるので、酸化チタンの膜厚を正確にコントロールすることによってチタンの色を自由に作ることができます。たとえばチタンの表面に10～３００㎚ほどの透明な酸化皮膜を陽極酸化で成長させると、鮮やかなカラーが生成します。酸化皮膜は無色透明ですが、さまざまな波長の光を含む白色光が表面で反射するとき、酸化皮膜の表面で反射する光と干渉作用が生じ、強められた波長の光が色となって見えます。強められる波長は酸化皮膜の厚さにより決定されるため、その厚さを精密にコントロールすることにより目的の色をつくることができます。発色原理はシャボン玉の薄い透明皮膜による虹色とほとんど同じですから、アスファルトの水面に薄く浮いた油膜による虹色と同じ原理です。

酸化チタンの膜厚を自由にコントロールする技術が陽極酸化被膜です。

皮膜がゴールド色のときのサンプルＢのＸ線回折（ＸＲＤ）結果を図３・２、グリーン色の

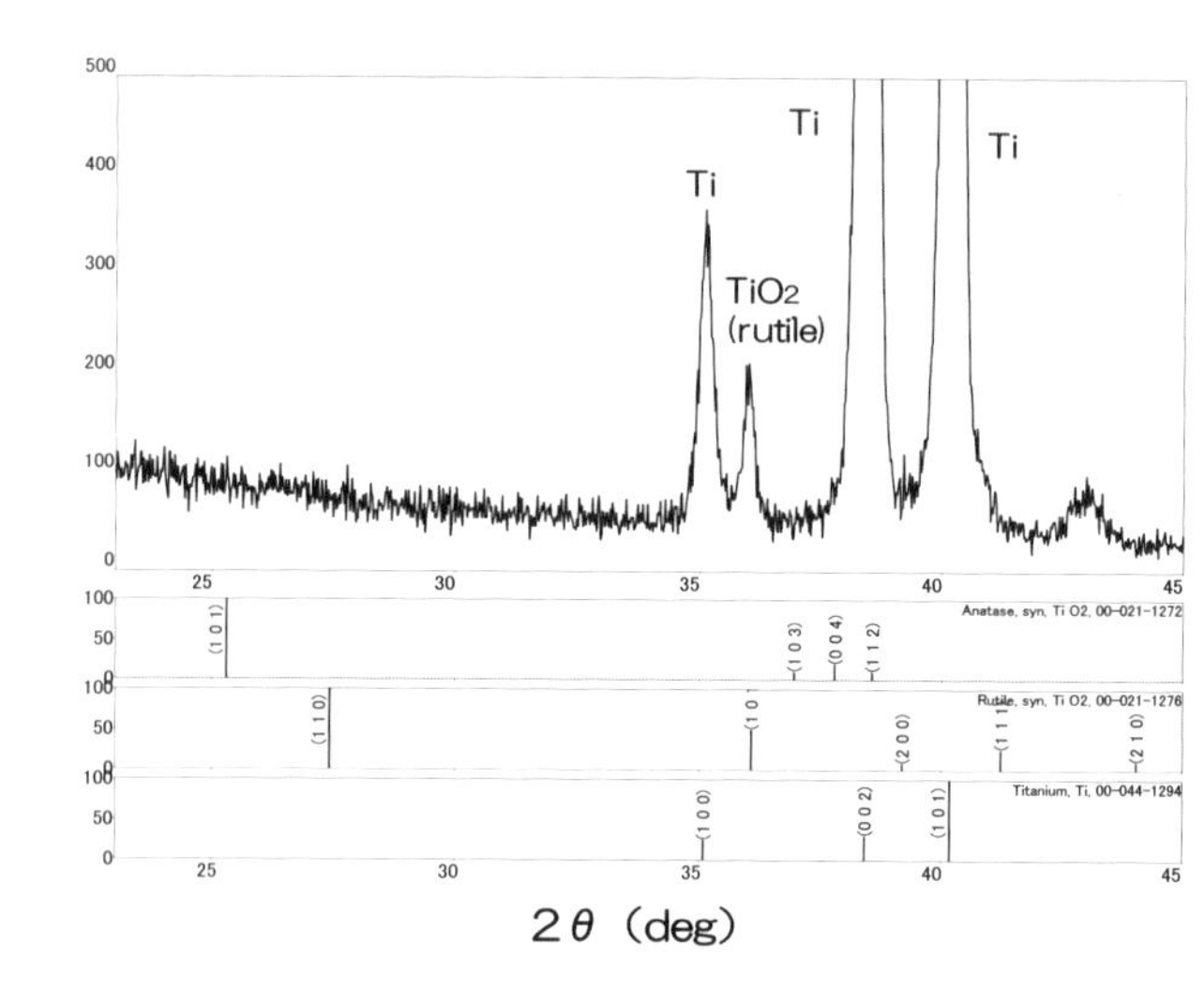

図３・２　サンプルＢ（陽極酸化処理－ゴールド）のＸ線回折パターン

サンプルＣの結果を図３・３に示します。前述したように陽極酸化の皮膜がルチル型であるのか、それともアナターゼ型であるかを知ることが重要です。仮にアナターゼ型であれば抗菌性があると想定できるからです。もちろん、詳細な結果については大腸菌や黄色ブドウ球菌を用いた抗菌性試験が必要です。これらの視点からＸＲＤの結果をみますと、ゴールド色には、金属チタンだけではなく、わずかに（１０１）配向されたルチル型の酸化チタンのピークがわずかに観察できました。とは言え、アナターゼ型の酸化チタンは観察できませんでした。

一方、陽極酸化（グリーン）では図３・３に示すように顕著なアナターゼ型の酸化チタンと、（１０１）面に配向したわずかなルチル

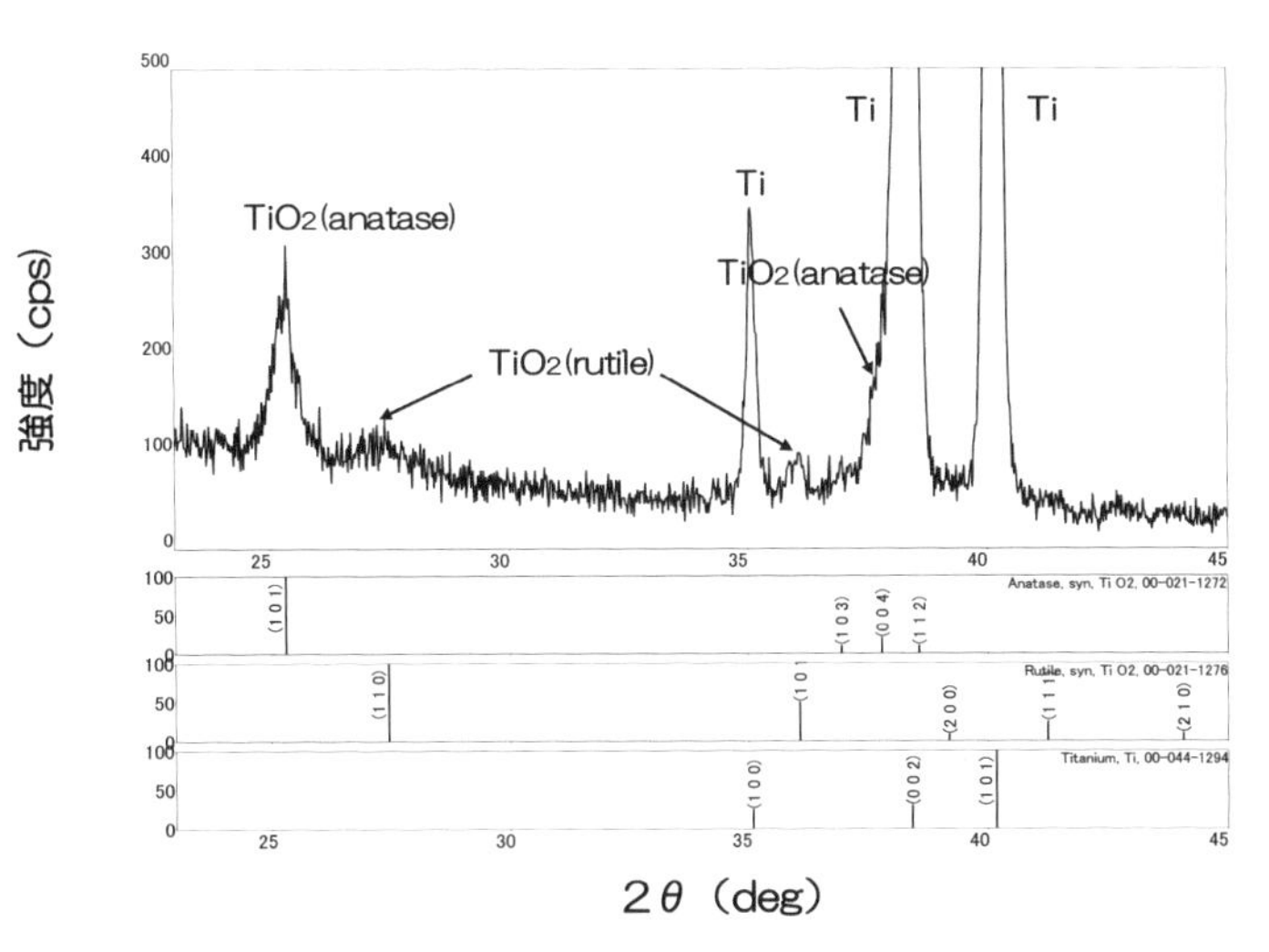

図3・3　サンプルC（陽極酸化処理－グリーン）のX線回折パターン

型の酸化チタンを検出することができました。この違いはどこから生じているのでしょうか。詳しいことは両者の酸化皮膜の構造を解析しないとわかりませんが、皮膜厚さはゴールド色に比べてグリーン色の方が厚いために、アナターゼ型の結晶が生じているものと考えられます。

3．熱処理法における改質表面のXRD解析例

熱処理法は大気中で約1000℃・5分間加熱して改質したサンプルDです。改質表面を走査電子顕微鏡（SEM）で観察すると、図3・4のように表面には1㎛以下の小さな粒径が多数観察され、またタバコ臭やにおい物

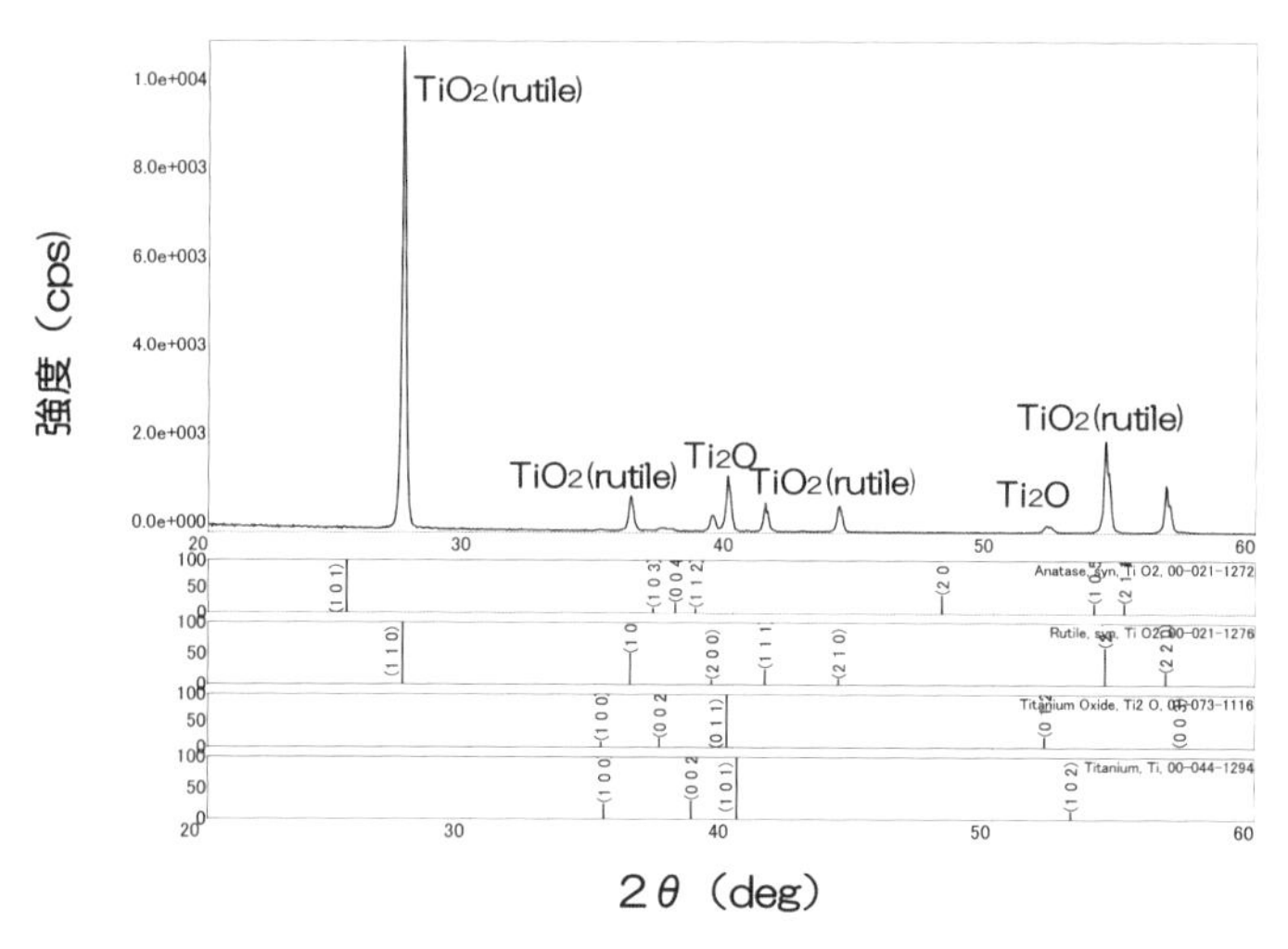

図3・5　サンプルD（東大処理材（1）表）のX線回折パターン

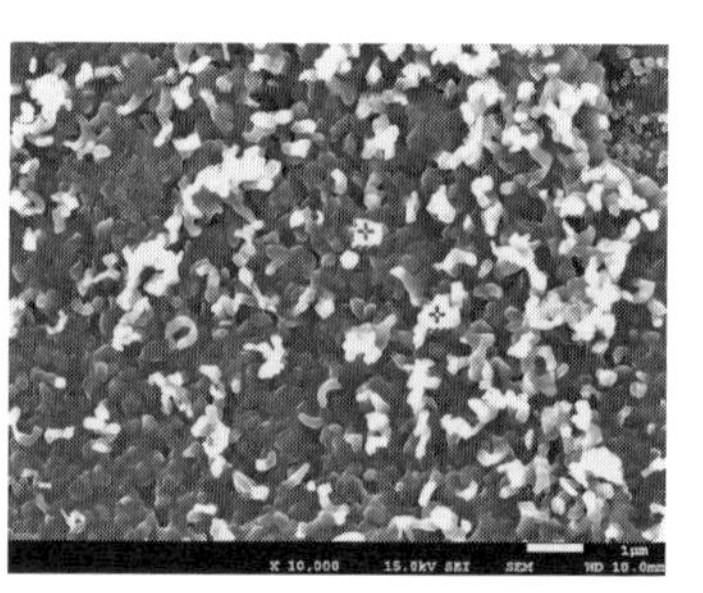

図3・4　熱処理法によって生じた多孔質孔（SEM像）

質を吸着する多くの多孔が観察されていました。XRDによって分析した結果は図3・5、図3・6のように、表裏にはルチル型の酸化チタンがメインであり、わずかに二酸化チタンが認められます。また基材に相当するチタンも認められました。これらの結果から大気中熱処理の場合には、多くのルチル型酸化チタンが生成していることがわかりました。興味があるのは、大気中の加熱温度によって、どのような酸化チタンが生成されるかです。

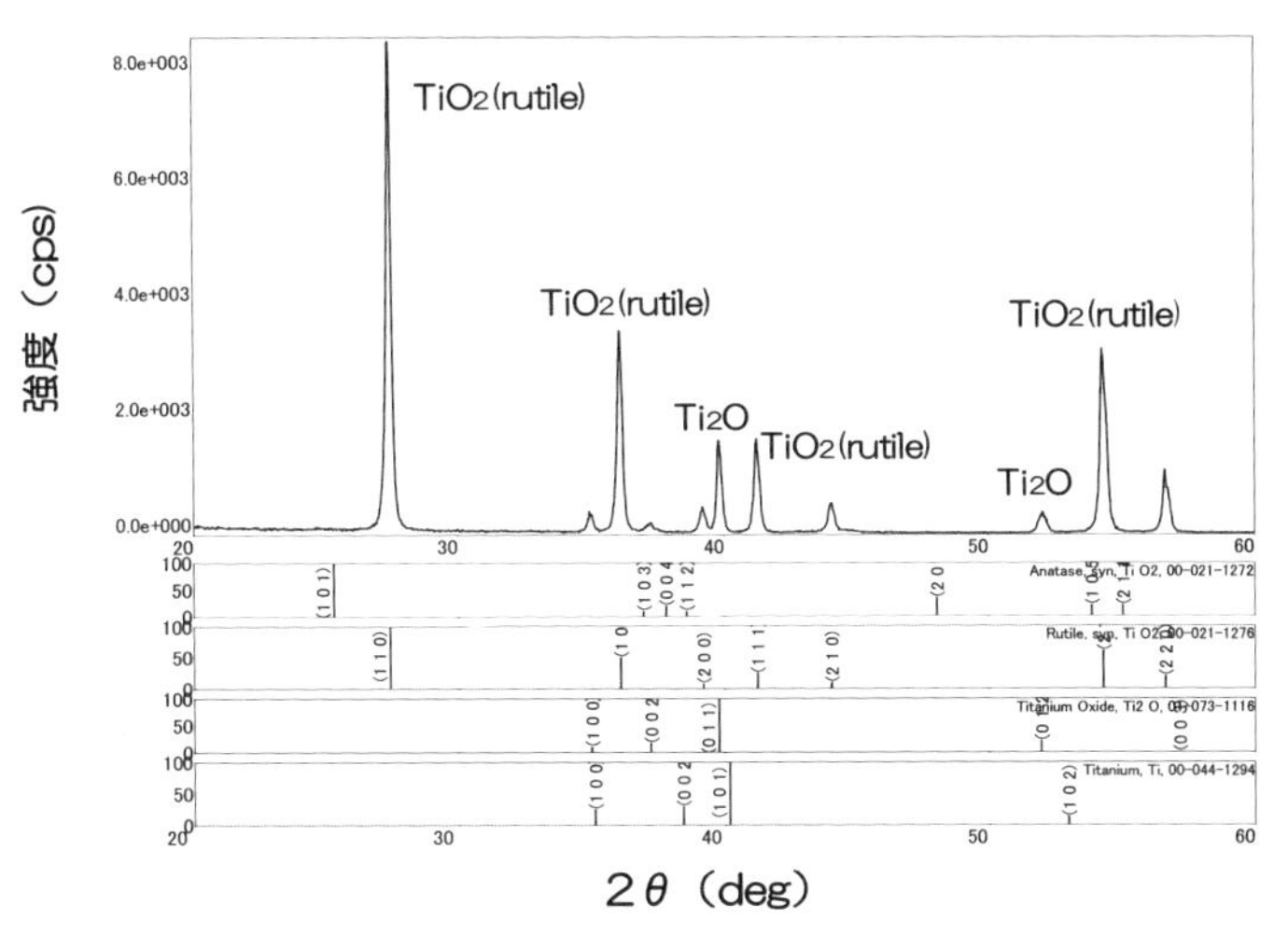

図３・６　サンプルＤ（東大処理材（２）裏）のＸ線回折パターン

4．日本鉄板製のＸＲＤ解析例

表面改質は、第3章で述べた熱処理法と似ています。真空中で600℃加熱後を施した後、硝酸アンモニウム水溶液中で15～80Ｖの陽極酸化処理、さらに530℃で約1時間の熱処理を施したサンプルＥです［16］。このような方法によって作製されたサンプルを用いてＸＲＤ解析を行いました。すると図3・7、図3・8、図3・9に示すように、サンプルＥにはルチル型の酸化チタンとアナターゼ型の酸化チタンの両方が鮮明に認められました。他方、前出の参考文献においてＪＩＳ試験法に準拠して実施した結果からも、陽極酸化板とガラス板上の大腸菌の菌数を比較すると、陽極酸化板上の大腸菌数は約4桁も低下していることが確認されています。これらのこと

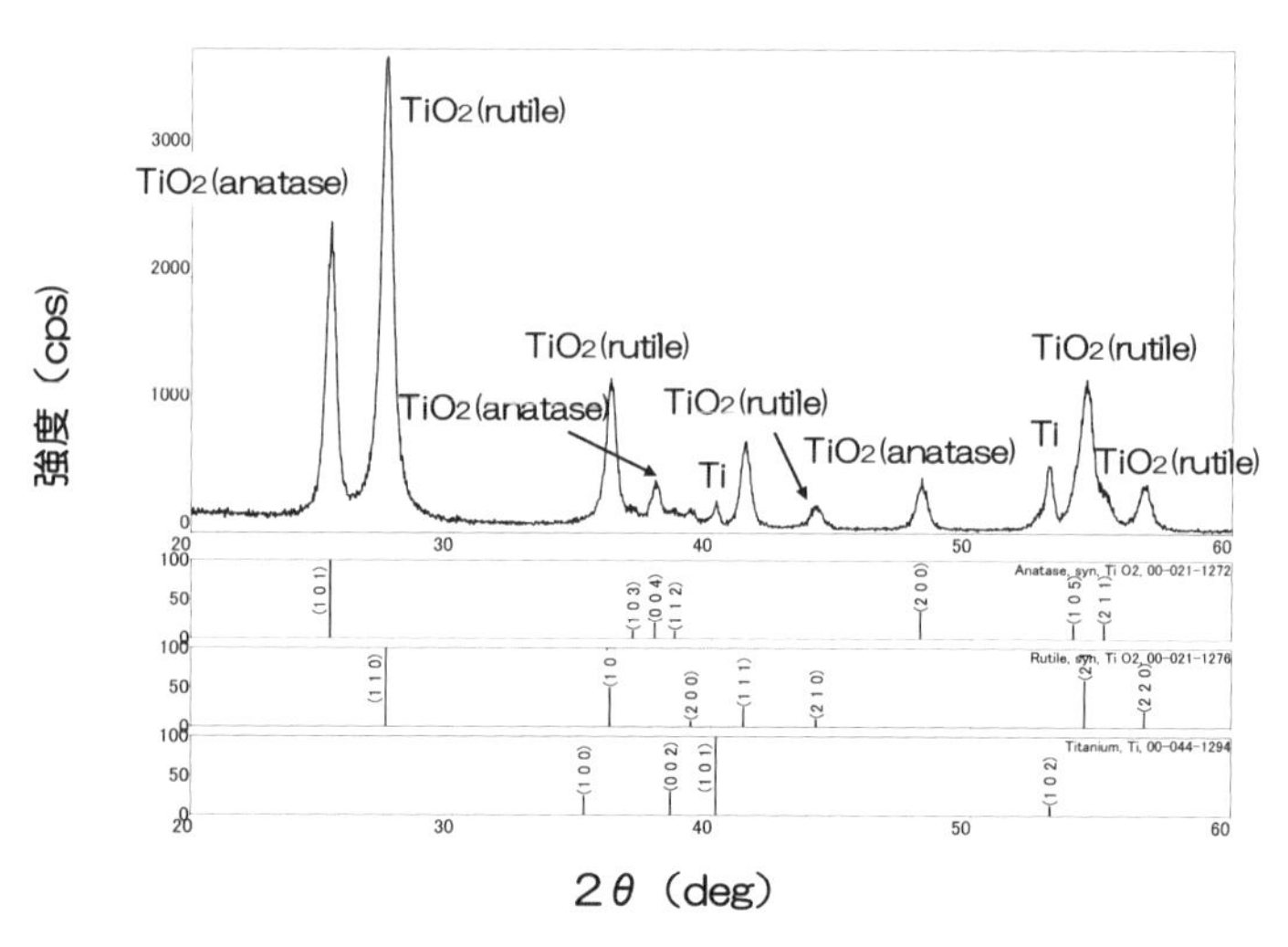

図３・７　サンプルＥ（日本鉄板（１）表）のＸ線回折パターン

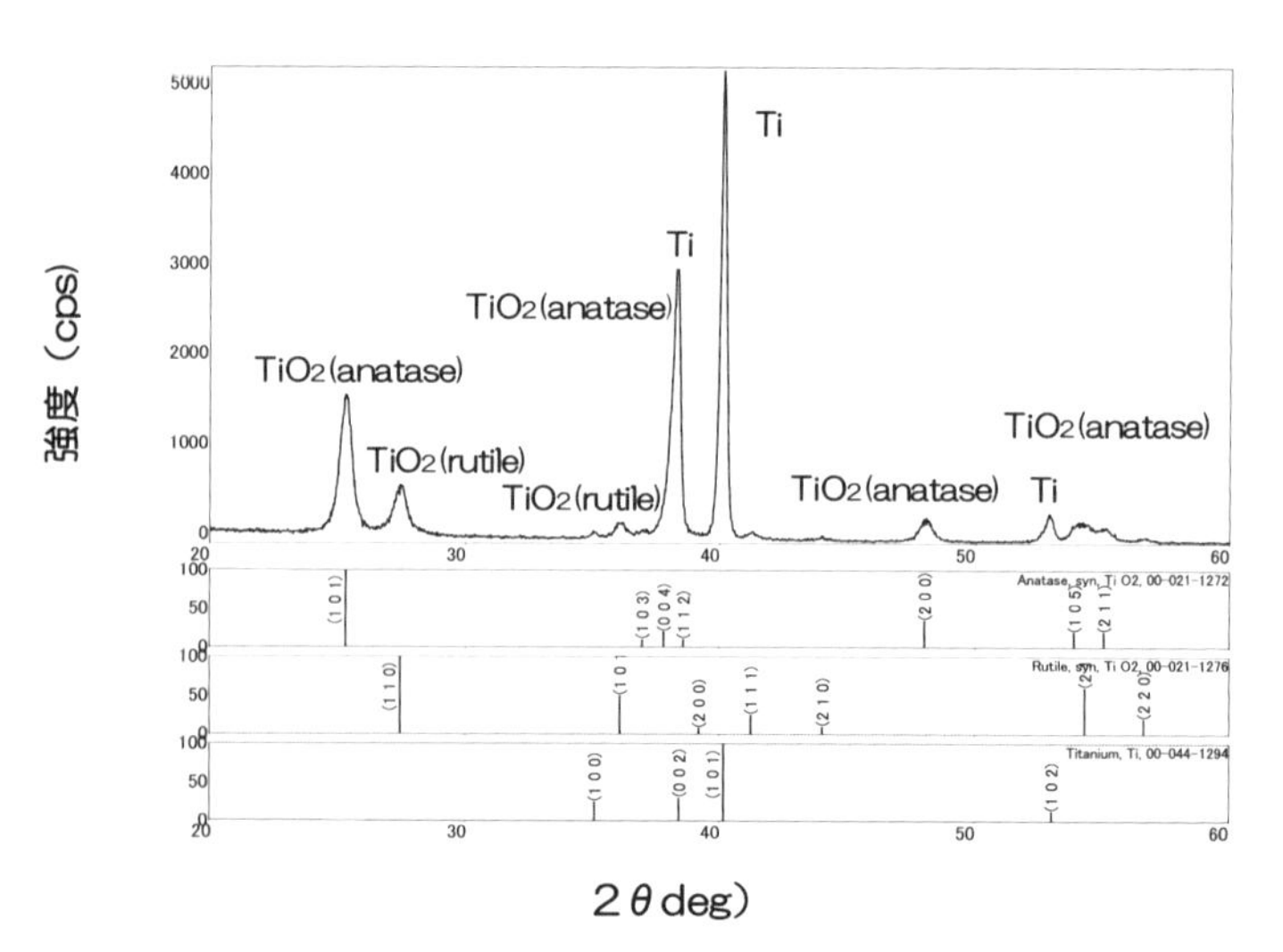

図３・８　サンプルＥ（日本鉄板（２）裏）のＸ線回折パターン

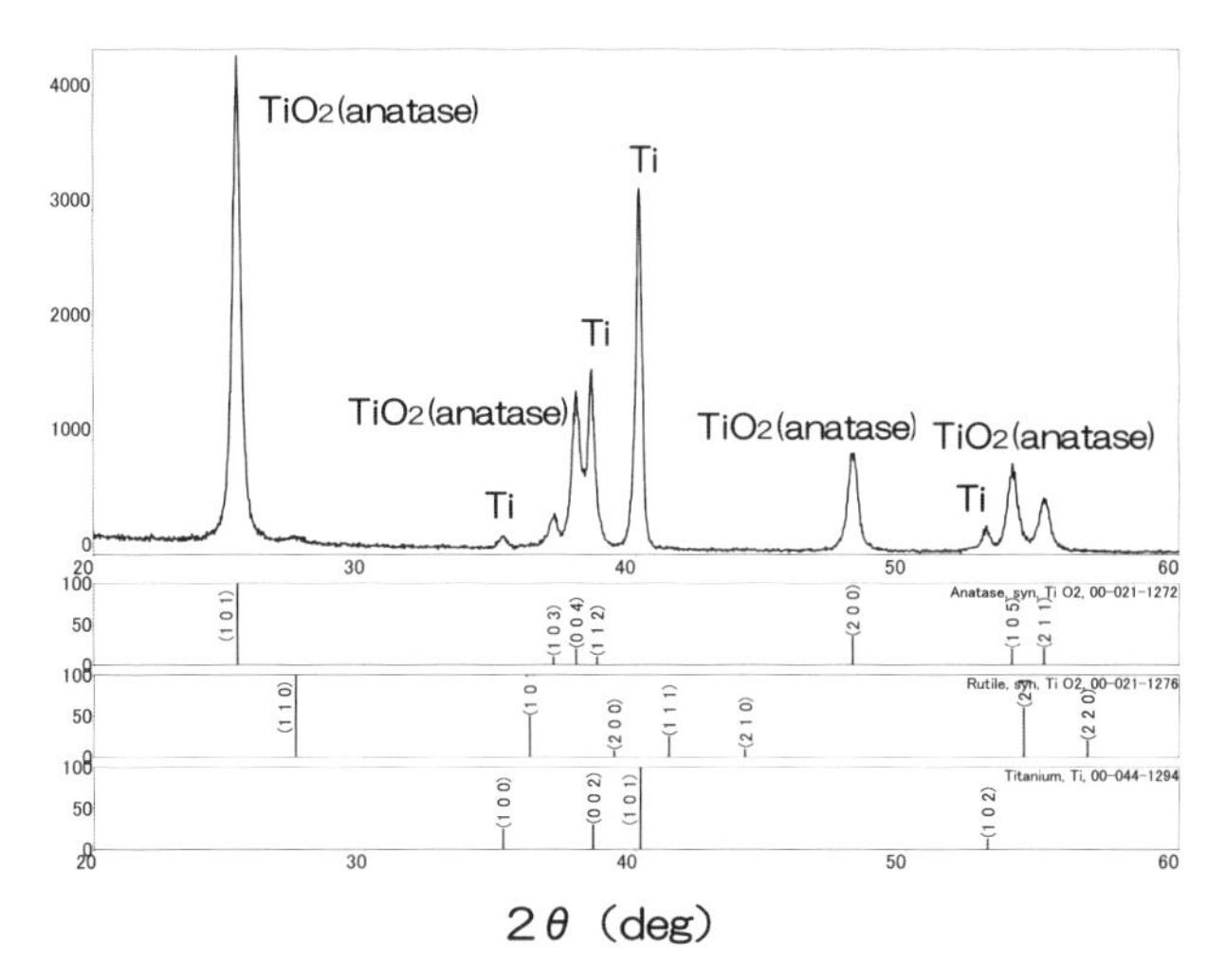

図３・９　サンプルＥ（日本鉄板（３））のＸ線回折パターン

からもアナターゼ型酸化チタンには、確かに抗菌性があることがわかります。

５．フレッシュグリーンのＸＲＤ解析

フレッシュグリーンとネーミングされたサンプルＦの皮膜は、炭素をドープした酸化チタン膜を生成した製品です［17］。これによりますと炭素を含まない酸化チタンは「紫外線」にしか応答しませんが、炭素をドープした酸化チタンは紫外線域から４９０㎚の可視光域までの波長域で、光触媒特性を発揮することが報告されています。この論文ではＸ線光電子分光法（ＸＰＳ）によってTi-C結合の存在を確認していますが、ＸＲＤによってアナターゼ型の酸化チタンが生成されているかは確認していません。そこで、ここではＸＲＤ法

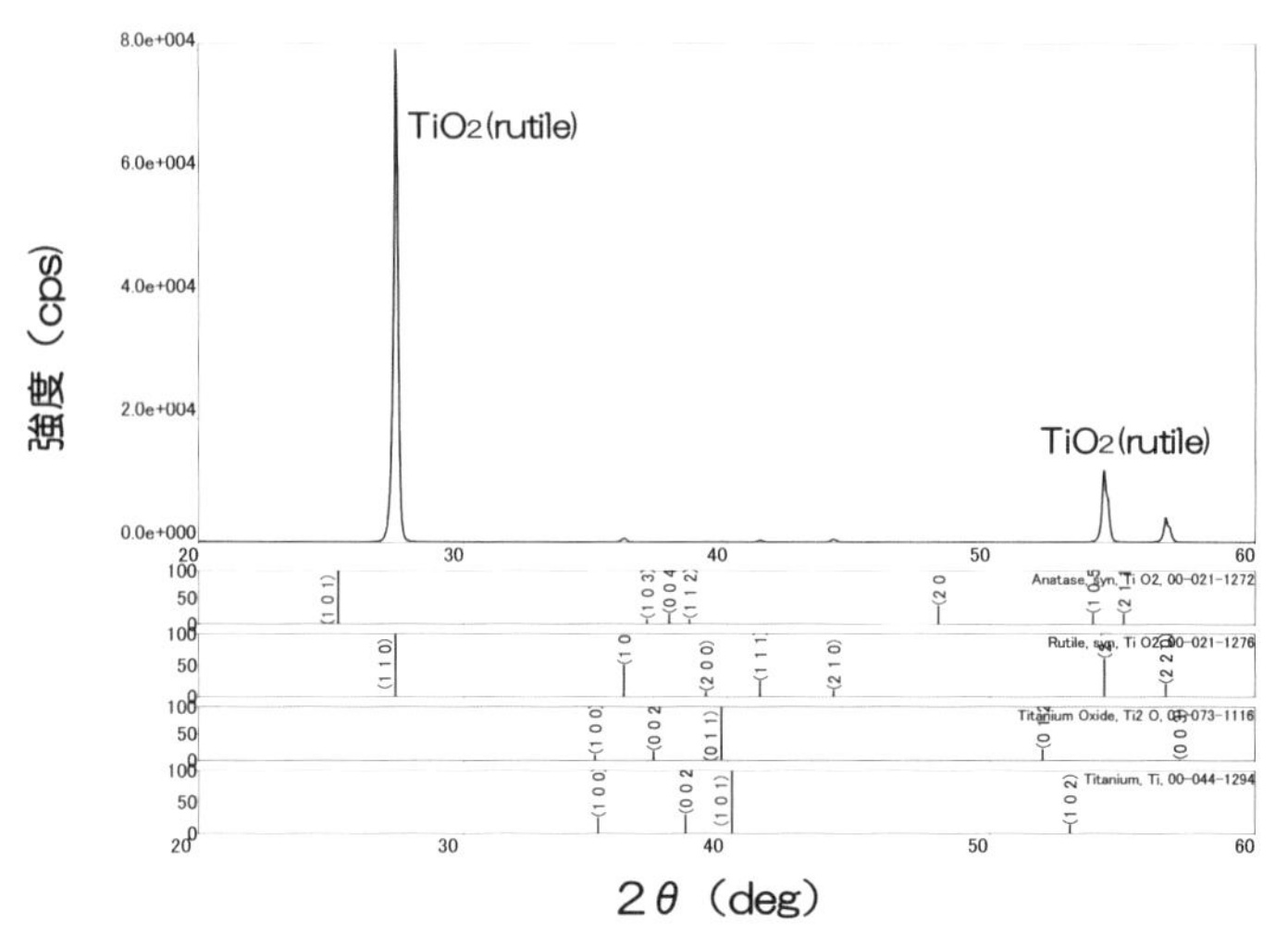

図３・10　サンプルＦ（フレッシュグリーン）のＸ線回折パターン

を用いて解析を試みました。図３・10にＸＲＤの結果を示しますが、意外でした。フレッシュグリーンはルチル型の酸化チタンがメインピークだったのです。アナターゼ型の酸化チタンは認められませんでした。抗菌性についての直接的な試験はしておりませんが、メチレンブルー（とくに生物分野では主に光学顕微鏡で細胞の核を観察するときの染色液として使われています。顕微鏡学習用の染色液セットとしてもエオシン（エオジン）、サフラニンなどとともにメチレンブルー液が使われます。また活性炭の吸着力評価や、光触媒の性能評価物質として用いられています）を用いて、蛍光灯の波長を照射することによって間接的な光触媒効果を調べています。この結果は有機物のブルー色が分解し、退色するこ

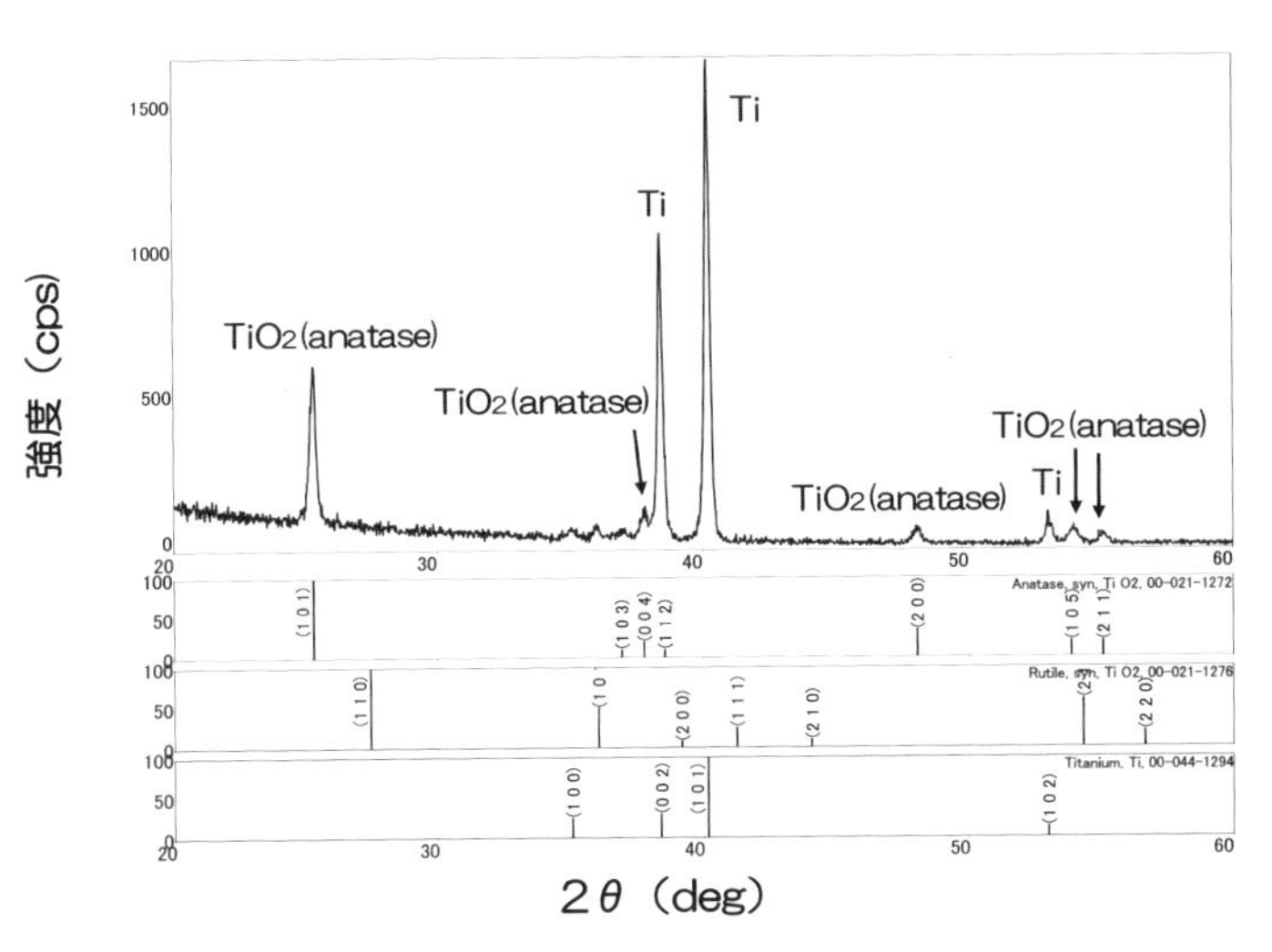

図３・11　サンプルＧ（光触媒チタン箔）のＸ線回折パターン

とを確認していますが、菌数減少の確認はされていません。したがって、ルチル型の酸化チタンにも抗菌性があるか、否かについての正確な情報は他所から得るしかありませんでした。

６．光触媒チタン箔（東洋精箔製）のＸＲＤ解析例

光触媒チタン箔のサンプルＧは旧東洋製箔製ですが、前述したように現在では㈱日立金属ネオマテリアルによって製造されています。ＸＲＤの解析結果によると図３・11に示すように、強いアナターゼ型の酸化チタンのピークが測定できました。また、極わずかにルチル型の酸化チタンのピークが認められました。

これらの結果から光触媒チタン箔には、抗菌

表3・2　酸化チタンの結晶相同定解析結果

No.	酸化処理（メーカー）の方法と特長	TiO_2		Ti_2O	Ti基板
		Anatase	Rutile		
A	無処理	×	×	×	○
B	陽極酸化（ゴールド色処理）	×	△（101配向）	×	○
C	陽極酸化（グリーン色処理）	○	△	×	○
D	東大処理（1）表	×	○	△	×
	東大処理（2）裏	×	○	○	×
E	日本鉄板（1）表	○	○	×	△
	日本鉄板（2）裏	○	○	×	○
	日本鉄板（3）	○	△	×	○
F	フレッシュグリーン（オファー）	×	○	△（101配向）	×
G	光触媒チタン箔（東洋精箔）	○	△（101配向）	×	○

注）○：検出、△：微量検出、×：不検出を示す。

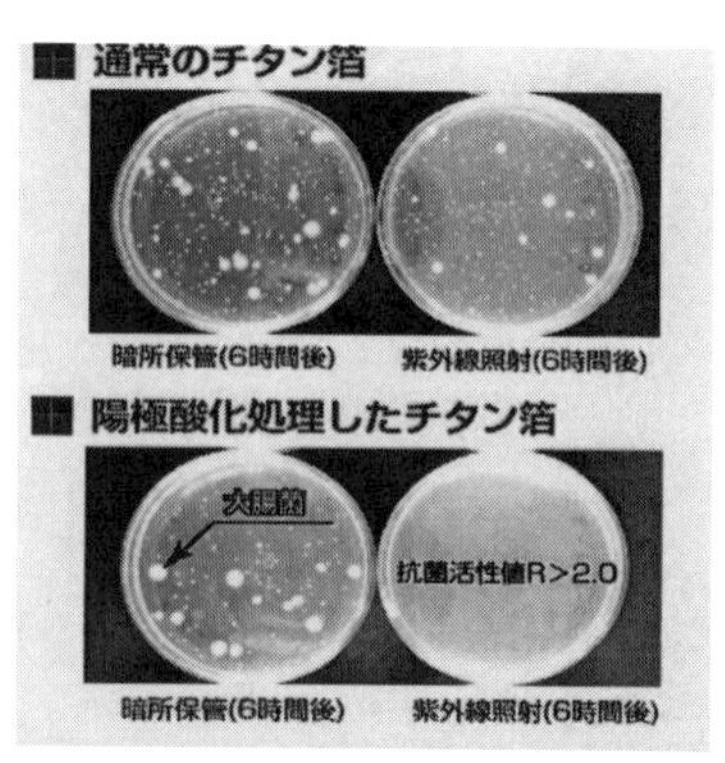

図3・12　光触媒チタン箔の抗菌作用[17]

性が認められると考えられます。

旧東洋製箔の製品カタログによっても大腸菌の減菌性をブラックライトの紫外線照射（1㎝平方当たり0・25㎽、6時間）によっても図3・12で認めています［17］。

以上の結果をまとめたものを表3・2に示します［18］。

第4章　X線回折法の基本知識

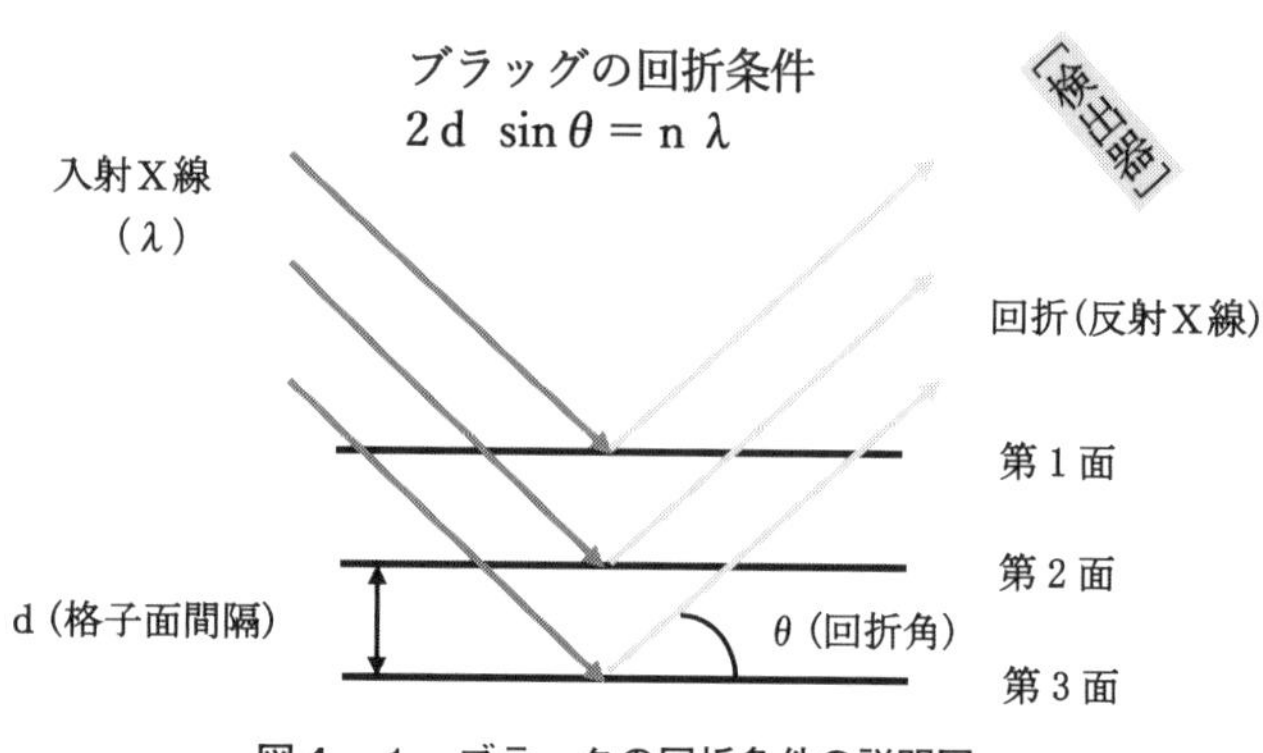

図4・1　ブラックの回折条件の説明図

（1）X線回折法の簡単な原理

XRD法は、結晶などの原子の規則構造によって、回折現象を利用した分析法です。このため、サンプルに含まれている元素の種類や量を知るための測定法ではありません。図4・1に示すように結晶格子面に反射してお互いに干渉しあうため、ブラッグ（Bragg）の回折条件（$2d \sin\theta = n\lambda$式）を満たす方向の回折線のみの強度が強調され、ほかは打消し合って観測されることはありません[19]。

このブラッグ回折条件の$2d \sin\theta = n\lambda$式について説明をさせていただきます。

数式内のdは格子の面間隔を示し、シータ（θ）はブラッグ角を示し、$2d \sin\theta$は入射X線の第1面と第2面の行路差を示します。nは反射次数で、通常は1を代入します。ラムダ（λ）は使用したX線の種類の波長を示し、Cu Kαの場合の波長は、1・5418Åになります。

たとえば、ケイ素（Si）粉末をCu Kα（1・5418Å）

のXRD法で測定したとき、回折ピークの回折角（2θ）は28・44度に最も強く検出されました。この回折ピークのd値（面間隔）を知りたいときに、2d sin θ＝nλ式にそれぞれの数値を代入して算出すると、d値は、3・1361Åであることがわかります。

また、サンプルの測定から回折線を検出器で記録すると、その物質特有のX線回折パターンが得られます。この回折角（2θ）の位置・強度は結晶構造に特有で、X線回折パターンから主に無機化合物の同定解析を行なうことができます。このX線回折パターンと標準物質のX線回折パターン（データベース）を比較することによって、結晶性物質の定性分析（物質の同定）ができ、その物質の状態や特性を調べる方法として広く利用されています［19］。

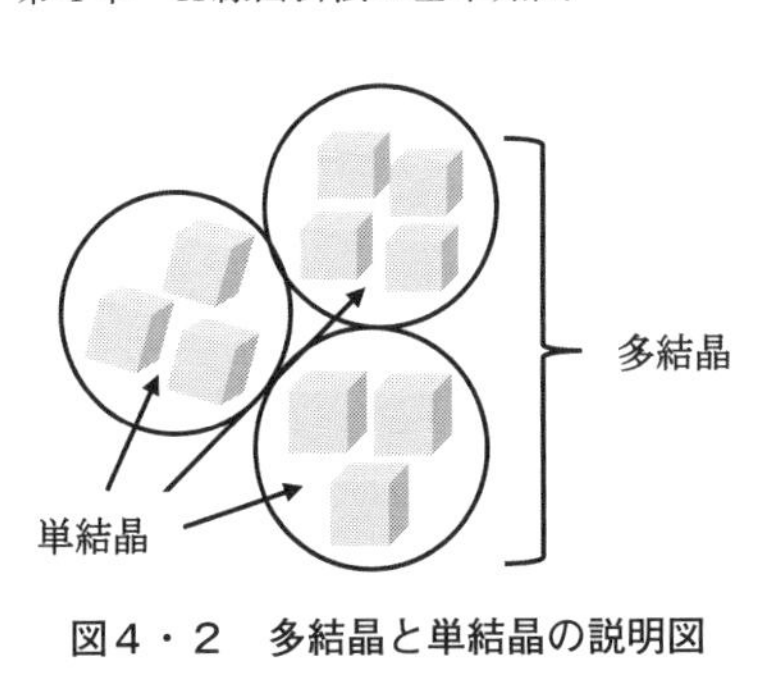

図4・2　多結晶と単結晶の説明図

さらに、近年のXRD装置の改良とパソコン、データベースや回折データ処理技術の飛躍的な進歩により、結晶学やXRD法についての深い知識がなくてもXRD法を利用することによって、組成成分がわからない物質（未知）のサンプルの定性分析（物質の同定、結晶構造など）や結晶粒径、格子定数（格子の長さ、角度）などの解析を容易に行えるようになりました。ただし、XRD法で測定するサンプルは多結晶体（微小な結晶が単結晶で、この微小な結晶の単結晶が多く集まっているのが多結晶体。図4・2参照）であることが条件です。

（2）X線回折法でわかること

1．未知物質の定性分析ができる

XRD法では、図4・3に示すような結晶性成分の回折ピークが検出されたサンプルの解析を行なうときは、既知物質のX線回折パターンと比較するか、回折ピーク数本のd値（面間隔）を求めることで、既知のそれと同じであるかの定性分析（物質の同定）が行えます。さらに、結晶性が良好な場合、回折パターンが異なる2種類以上の物質が混合したサンプルでもそれぞれの定性分析（物質の同定）を行なうことができます［19］。

例えば、酸化鉄は自然界に豊富に存在し、人体や生態系におよぼす影響が少なく、安価であるため、腐食

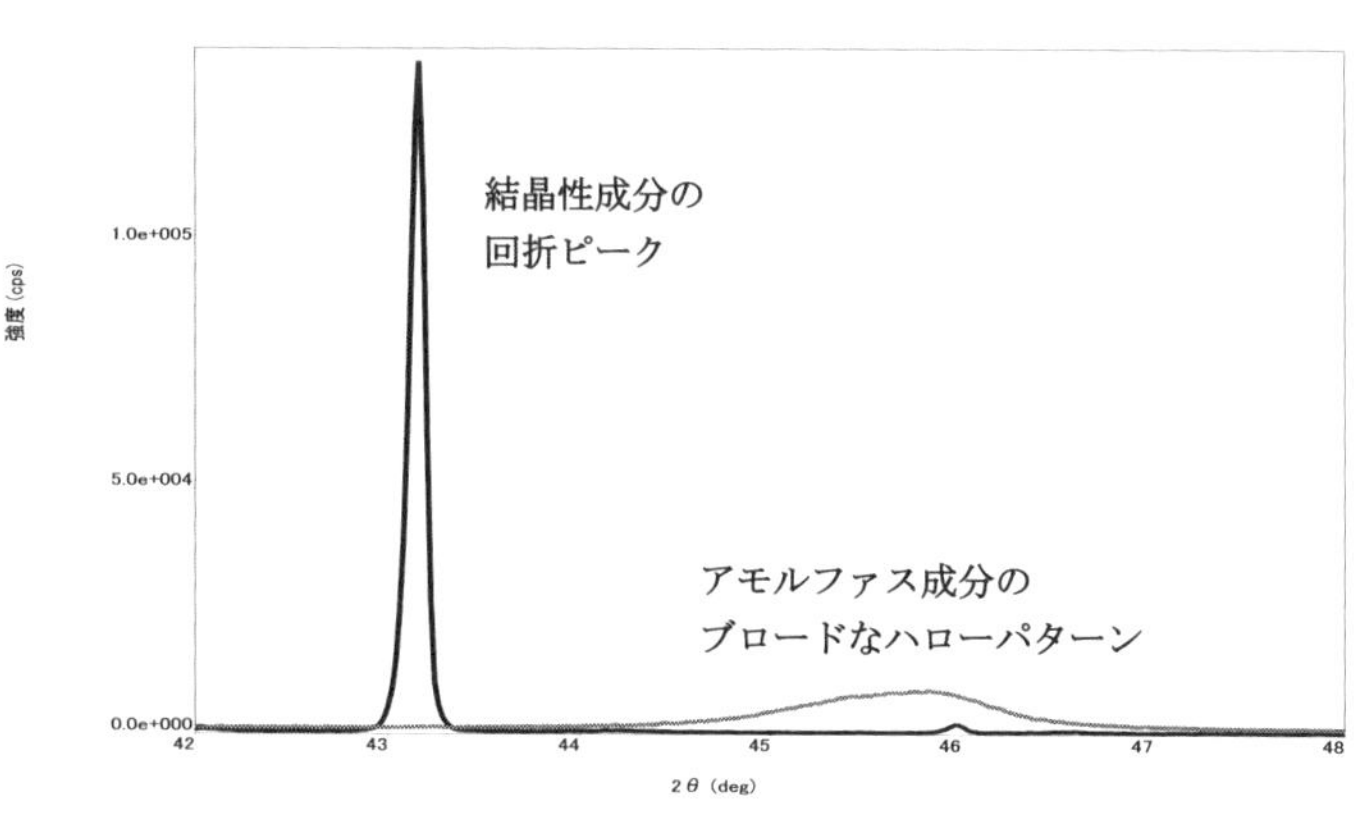

図4・3　結晶性成分と アモルファス成分の回折ピーク

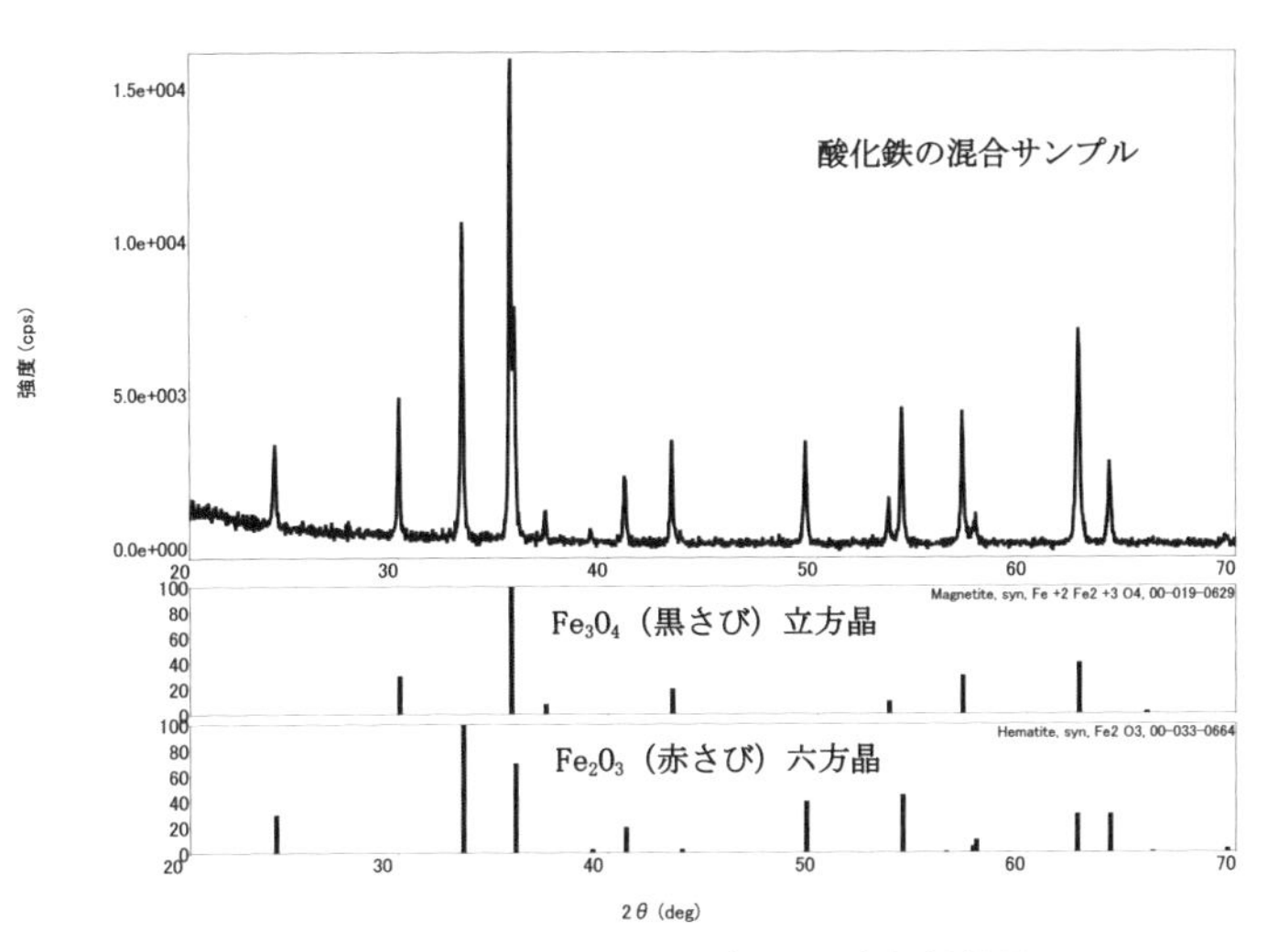

図４・４　酸化鉄の混合サンプルの同定解析結果

防止剤、研磨剤、顔料や触媒材料などさまざまな用途に用いられています。

この酸化鉄の黒さび（マグネタイト）と赤さび（ヘマタイト）を同量に混ぜたサンプルを作り、ＸＲＤ法で測定しました。図４・４に示す結果、黒さびと赤さびが混在した回折パターンが得られました。また、黒さび（Fe_3O_4、立方晶）と赤さび（Fe_2O_3、六方晶）は結晶系の違いから回折パターンも異なり、それぞれの格子定数（格子の長さ、それをなす角度）を算出することもできます（表４・１、図４・５参照）。

ちなみに、鉄を水中や大気中で放置しておくと赤さびが生じます。その下にはわずかな黒さびが生じます。私たちが自然の状態で目にするのは、最表面に赤茶色の膨れた（こぶ）

表4・1　格子定数算出結果

サンプル	結晶相	結晶系	長さ（Å）			角度（°）		
			a	b	c	α	β	γ
混合物質	Fe_3O_4	立方晶	8.393	8.393	8.393	90	90	90
	Fe_2O_3	三方晶	5.035	5.035	13.75	90	90	120

立方晶：a = b − c、α = β = γ =90°
三方晶：a = b ≠ c、α = β =90°、γ =120°

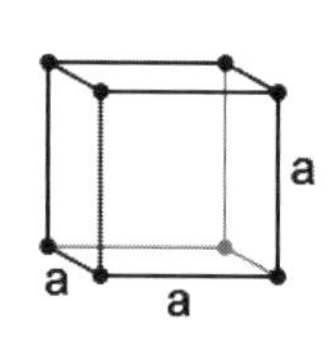

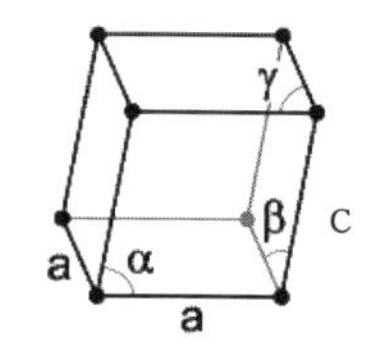

図4・5　立方晶（左）、三方晶（右）の結晶構造イメージ

赤さびです。内部は空隙ができて嫌気性（酸素欠乏）になるため、赤さびが還元されて黒色のマグネタイトが生成されます。このマグネタイトは黒染めと呼ばれて、鉄を腐食から守るために利用されています。

2．多形を見わけることができる

同じ化学的組成をもちながら結晶構造が異なるサンプルでも、それぞれに見わけることができます。例えば、酸化チタンは、白色塗料、絵具、釉薬、化学繊用途などの顔料や人体への影響が小さいため、食品の添加物や医薬品、化粧品の着色料としても使われています。白色塗料の顔料には活性の低い熱安定性に優れたルチル型が用いられ、アナターゼ型は活性が高いことから、汚れの分解、消臭・脱臭、抗菌・殺菌、有害物質の除去、ガラスや鏡の曇り防止などに用いられています。詳しくは、第3章の「各種酸化被膜の測定」を参考にして下さい

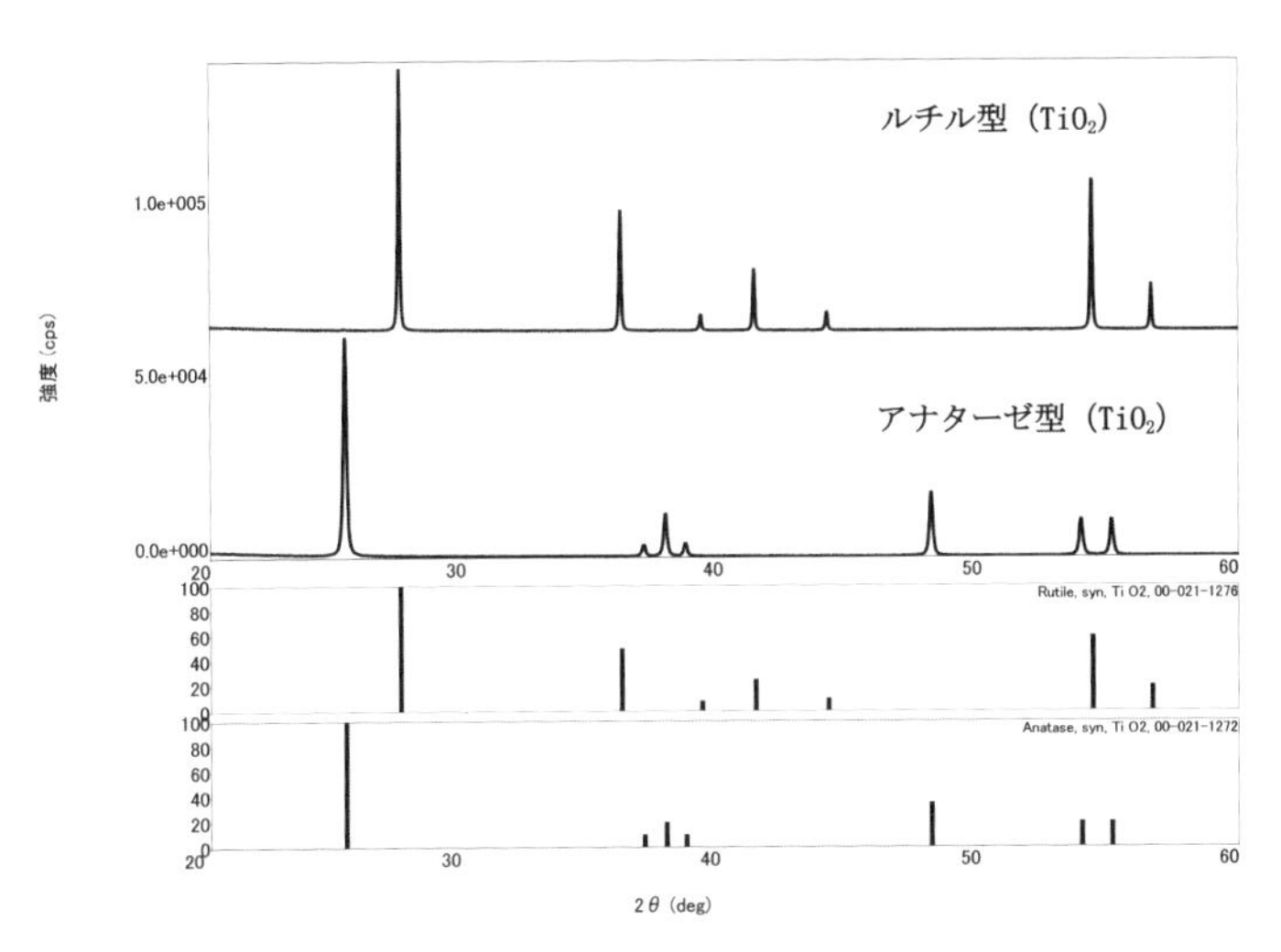

図4・6　結晶構造の異なる成分のXRDパターン

この酸化チタンのルチル型とアナターゼ型の結晶構造は同じ正方晶ですが、結晶構造の格子のa軸とc軸の長さの違いから、XRD法では、得られる回折パターンが異なります（図4・6参照）。これを利用してルチル型か、アナターゼ型かの定性分析（物質の同定）が行えます。また、検出された回折ピークの回折角（2θ）から、ルチル型とアナターゼ型の格子定数（格子の長さ、それをなす角度）を算出することもできます（表4・2、図4・7参照）。

さらに、検出される回折ピークの回折角（2θ）の違いから、標準添加法を用いた微量成分の定量（数%以内）もできます。この定量方法は、まず主成分がルチル型で微量成分のアナターゼ型が混在したサンプルを6点同

表4・2　格子定数算出結果

サンプル	結晶相	結晶系	長さ（Å）			角度（°）		
			a	b	c	α	β	γ
アナターゼ	TiO_2	正方晶	3.785	3.785	9.514	90	90	90
ルチル			4.593	4.593	2.959	90	90	90

正方晶：a ＝ b ≠ c、$\alpha = \beta = \gamma$ =90°

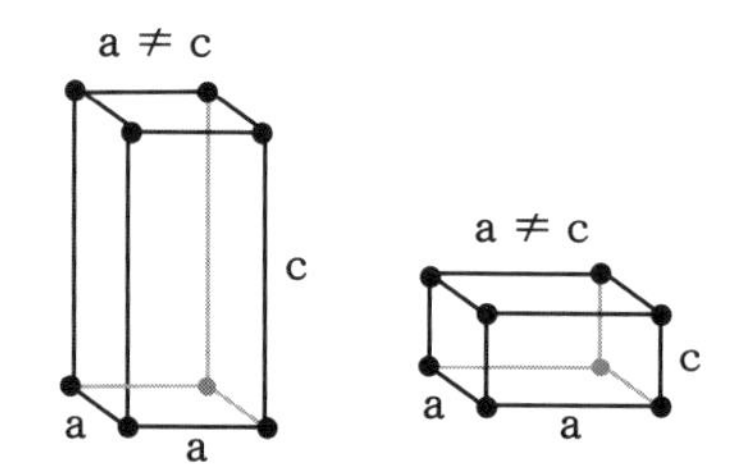

図4・7　アナターゼ（左）、ルチル（右）の結晶構造イメージ

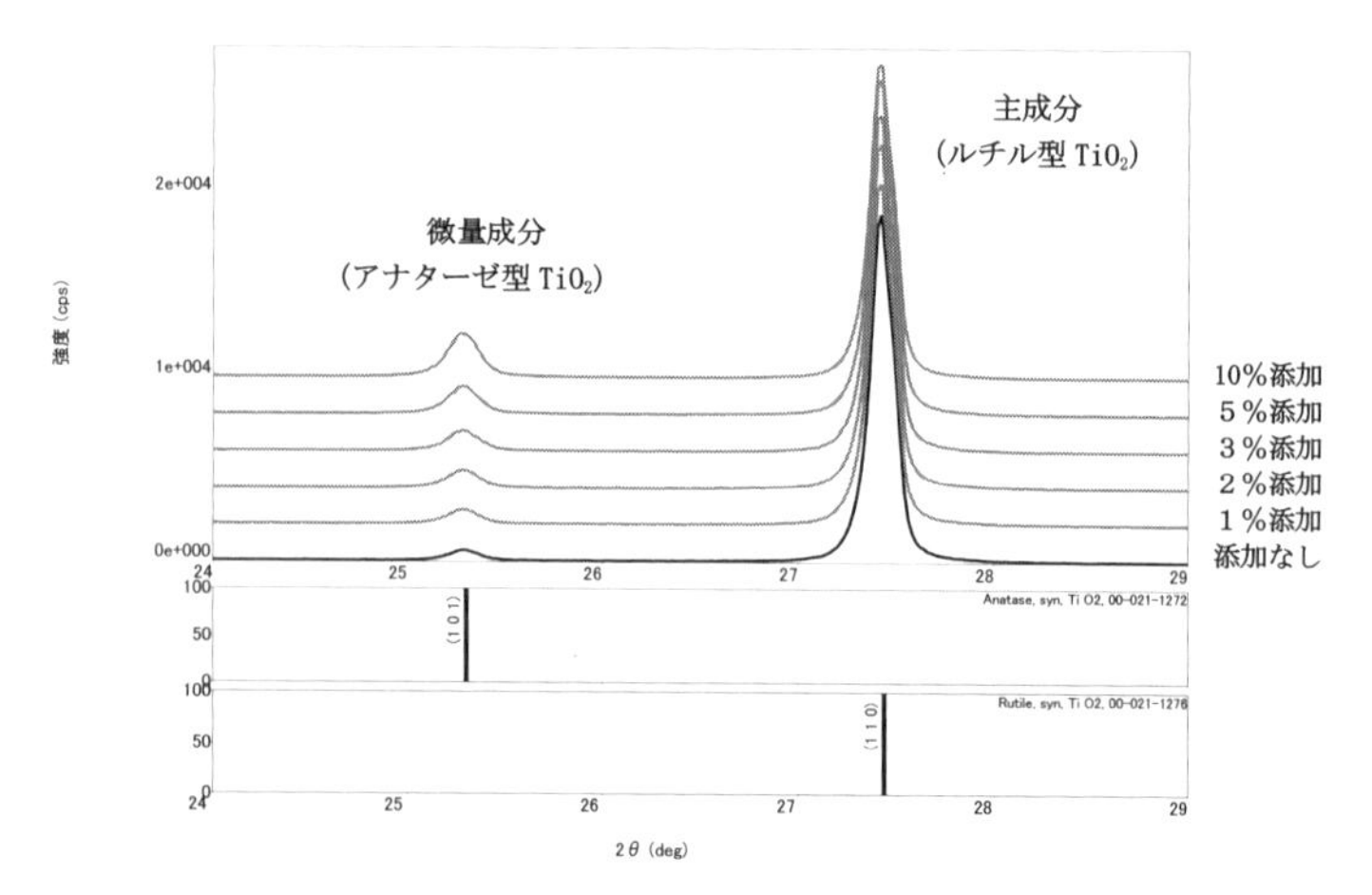

図4・8　標準添加法によるＸＲＤパターン

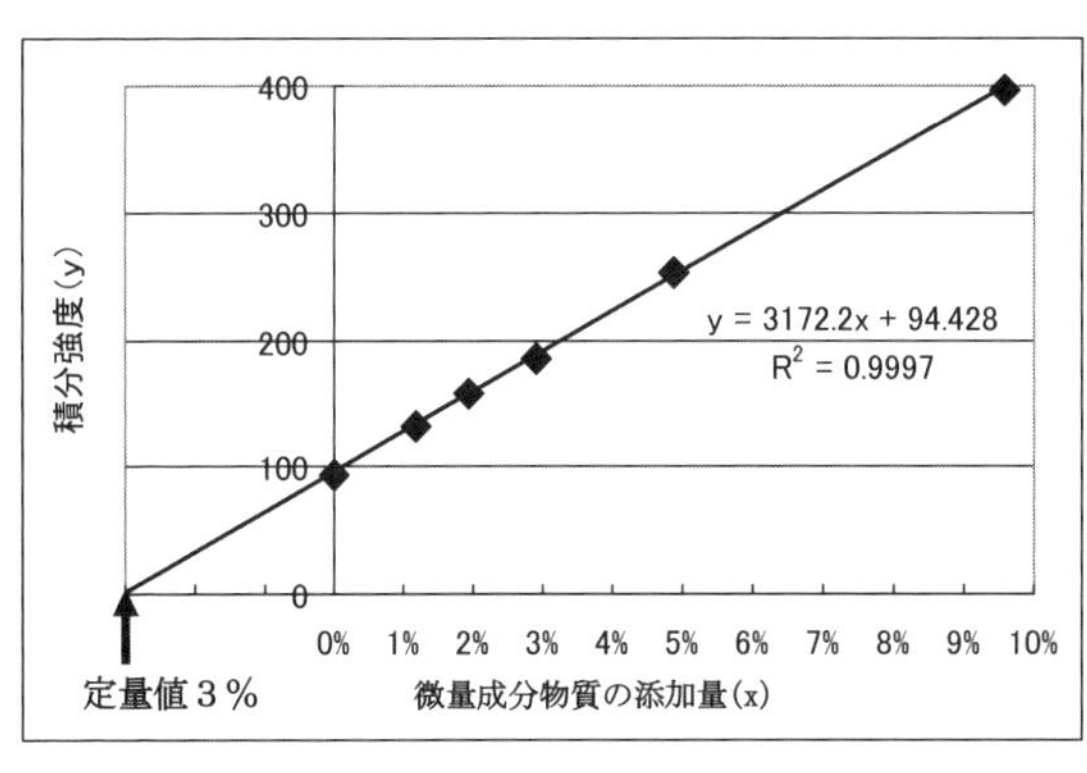

図４・９　微量成分の標準添加法による定量結果

量に採取します。このサンプルのうち5点に微量成分の標準物質アナターゼ型を1％、2％、3％、5％、10％添加し、メノウ乳鉢で10分ほど混合粉砕します。このサンプル6点をXRD法で測定して得られた回折ピークを図4・8に示します。微量成分のアナターゼ型の面指数（101）の回折ピークの積分強度（面積）を縦軸（y）に、標準物質アナターゼ型の添加濃度（％）を横軸（x）にした検量線を作成します（図4・9参照）。このときのグラフの傾き（y=3172.2x＋94.428）から定量値を算出すると、サンプル中の微量成分のアナターゼ型は3％で、残りの97％がルチル型であることがわかりました。

3．結晶粒径がわかる

シェラーの式（$D_{hkl} = K \cdot \lambda / \beta \cos\theta$、$D_{hkl}$：面指数hklに垂直な方向の結晶粒径の大きさ、K：シェラー定数、λ：測定X線波長（Å）、β：結晶子の大きさによる回折

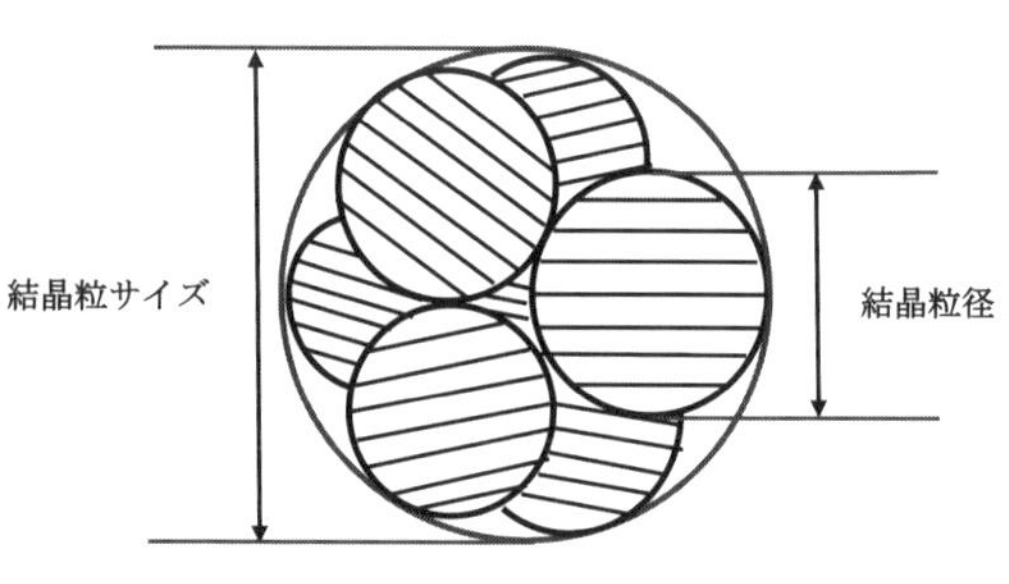

図4・10　結晶粒サイズと結晶粒径の違い

線の広がりで、ラジアン単位、θ：回折角のブラック角）に、XRD法で検出された回折ピークの半値幅を求めて代入することで、図4・10に示す結晶粒子を算出することができます［18］。

酸化セリウム（CeO_2、以下省略）は、研磨剤、触媒、燃料電池、日焼け止めなどに用いられていますが、この酸化セリウムを室温品と電気炉で800℃に焼成したサンプルをXRD法で測定しました。その結果、検出された面指数（111）の回折ピークの半値幅は、室温よりも800℃焼成品の方がわずかに狭いものでした（図4・11参照）。

室温品と800℃焼成品の半値幅を求め、シェラーの式に代入して算出した酸化セリウムの結晶粒径は、室温では15㎚（約百万分の1㎜）で、800℃焼成品では23㎚でした。このことから、酸化セリウムの結晶粒径は、室温に比べて800℃焼成品の方がわずかに大きいことがわかりました。

また、室温でのピーク位置に比べ、800℃焼成品のピーク位置は低角度側で検出されたことから、格子定数のａ軸（立方晶）

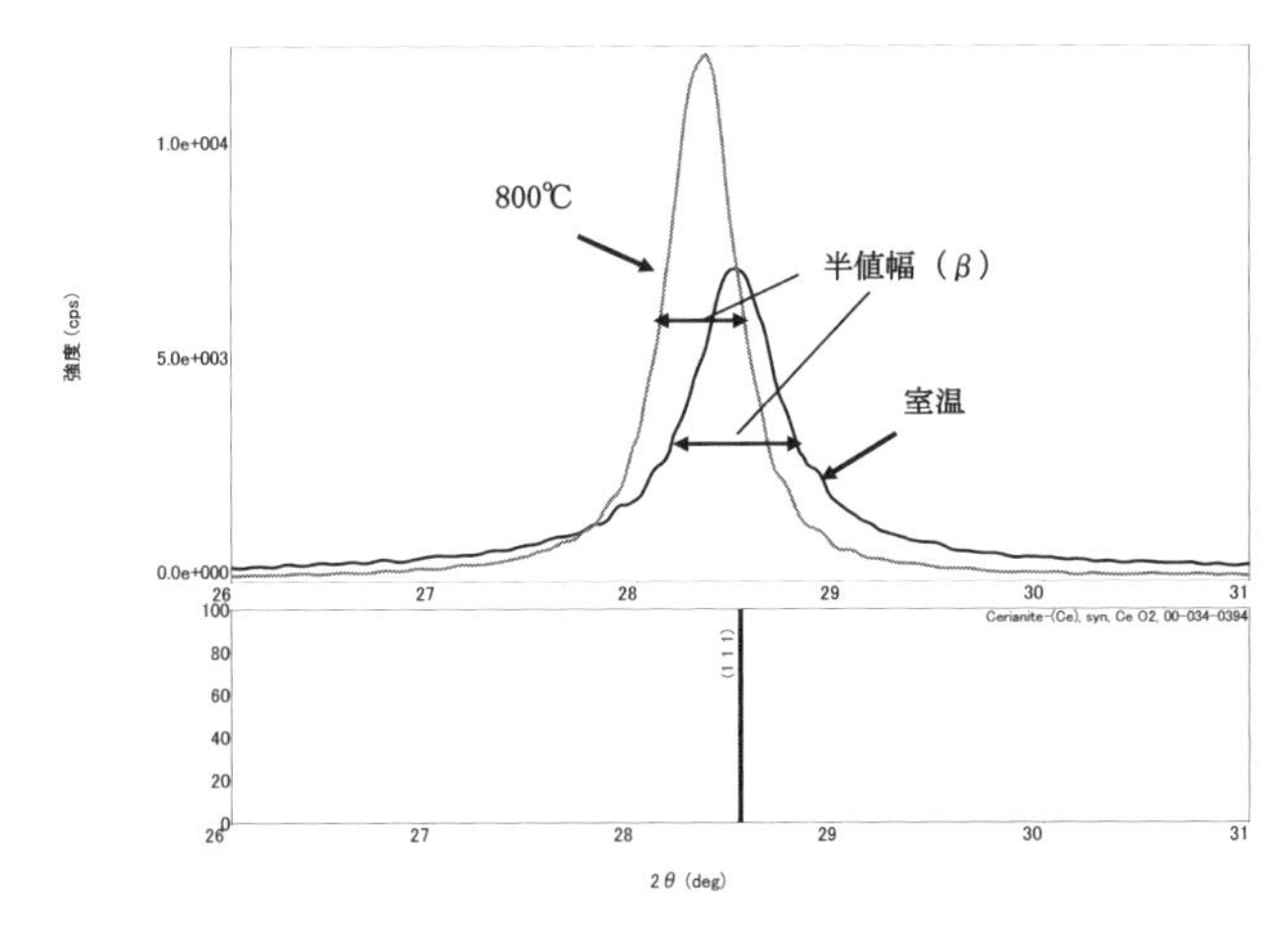

図４・11　CeO2 粉末（室温、800℃）の（111）回折ピーク

表４・３　結晶子径および格子定数算出結果

試料名	焼成温度	結晶相	結晶系	面指数	回折角度 2θ(deg)	面間隔 (Å)	結晶粒径 (nm)	径格子定数 a軸(Å)
CeO_2 粉末	室温	CeO_2	立方晶	111	28.47	3.132	15	5.425
	800℃				28.29	3.152	23	5.459

は、室温に比べて８００℃焼成品の方がわずかに大きいこともわかりました（表４・３参照）。これは、熱膨張によって格子定数がわずかに大きくなったと推測されます。

4. 測定に関する注意

ＸＲＤ法の分析法は試料中の原子の配列性があり、結晶であることを前提にしています。同じ化学組成で、同じ結晶構造をもっている物質でも、その結晶性の程度によりＸＲＤ強度が変化して、結晶性の高いサンプルは強く、そして鋭い回折ピークが検出されます。逆に、結晶性の低いサンプルは弱く、幅が広い回折ピークが検出されます（図4・3参照）[19]。

したがって、微量成分の結晶相の定性分析（物質の同定）はかなり難しく、特殊な場合を除いて、少なくとも10％以上の含有量であることが必要になります。

第5章　集中光学系と平行ビーム光学系の違いと物質の定性

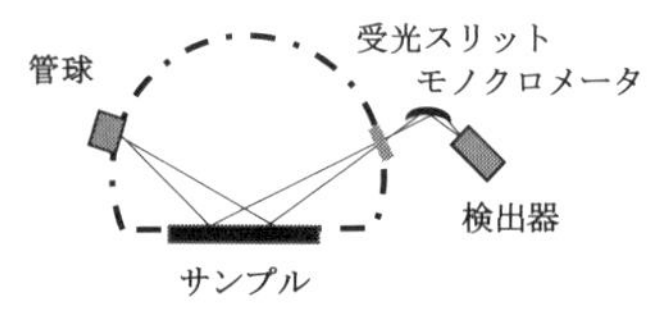

平面サンプルの場合、測定可能

凹凸サンプルの場合、測定困難

図5・1　平面サンプルと凹凸サンプルの場合の集中法測定

（1）集中光学系とは

XRD装置が開発されたときから使われてきた光学系は集中法ですが、検出される回折ピークの強度と分解能を簡便に得られるため、定性分析（物質の同定）や結晶粒径算出などで一般的によく使われます。しかし、サンプル表面が基準の高さからずれた湾曲したサンプルや、凹凸のあるサンプルでは測定面の位置ずれの影響でピークの半値幅の広がりや、ピーク位置のずれが生じるため、正確な測定が困難になります（図5・1参照）。また、集中法で測定するサンプルは均一に粉砕された粉末であることに加えて、サンプルホルダーへの充填はきれいなサンプル表面を出すことが重要になります。

このように、集中法では誤差を引き起こす要因が多く、格子定数（格子の長さ、それをなす角度）の精密測定が困難になります。また、in-situ（その場）測定（サンプル温度を変化させて試料の状態をリアルタイムで観測する）では、温度を上げた時にサンプル表面が荒れる、熱膨張によるサンプル表面の高さ変化などでは精度の高い結果を得られにくくなります。さらにX線が深くまで入射されるため、サンプル厚さ数㎛以下の薄膜層の情報は検出されにくい欠点があります［19］。

（2） 平行ビーム光学系とは

近年のＸＲＤ装置の光学系には集中法以外に平行ビーム法も搭載されてきている機種もあります。この平行ビーム法は管球から出たＸ線を多層膜ミラー（スリット内の箔はタングステン（W）とケイ素（Si）が交互に積み重ねられており、格子面間隔が位置によってわずかに異なったもの）に照射することにより、平行性が高いＸ線ビームになります。また、検出器の前に平行ソーラースリットを取り付けることによって、スリット内の箔は検出器が走査される方向に積層され、光学系の分解能はこのスリットの開口角によって、ほとんど決まります（図５・２参照）。サンプル表面の高さが異なっていても実際の回折角度（2θ）以外の角度では、回折線が平行ソーラースリットを通り抜けることができないため、サンプル表面が基準の高さからずれても回折ピーク位置が変わらないのが大きな特長です。

また、集中法では困難であったin-situ測定も加熱による脱水や相変化（組成や結晶構造の変化など）、溶融などによりサンプル表面が荒れても精度のよい格子定数を算出することができますので、平行ビーム法が有効です。また、平行ビーム法ではＸ線の入射角（θ）を低角度（1～3度）に固定して検出角（2θ）を走査する測定によって、サンプル表面の薄膜層の情報を

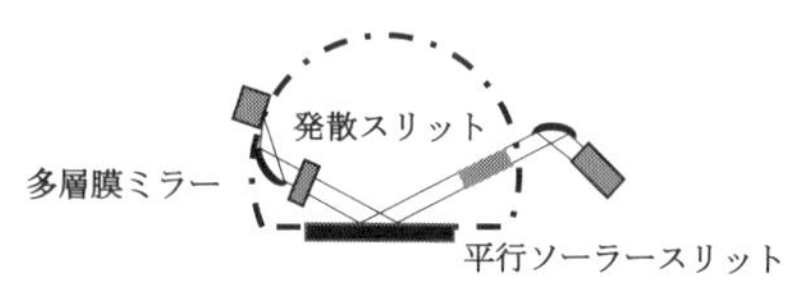

図５・２　平面サンプルと凹凸サンプルの場合の平行ビーム法測定

得ることもできます［18］。

（３）物質の定性分析について（不純物の混在の判別解析）

１００％の純金（Au）は24Ｋと表記されます。したがって24Ｋの純金はおよそ１００％の金の含有率を誇るため貴金属としての価値が高く、腐食や変色することなく輝きを永久的に持続します。しかし、硬さが軟らかい、熱に弱い、型崩れや傷がつきやすいという弱点があるためジュエリーには向かず、インゴットやコインなどの主に資産価値を目的とした製品に加工されています。一方、18Ｋは金75％に、銀（Ag）が15％、銅（Cu）が10％の合金で高い純度を保ちつつ、加工しやすい軟らかさと適度な硬さをもつため、ジュエリーや時計、ライター、カメラ、スマホケースなどの広い用途があります。

この金の含有量が異なる24Ｋと18ＫのサンプルをＸＲＤ法で測定して得られたＸＲＤパターンを図５・３（１）に、最も強く検出された面指数（１１１）の回折ピークを図５・３（２）に示します。この結果、24Ｋは金の標準データの位置と同じところに回折ピークが検出され、回折

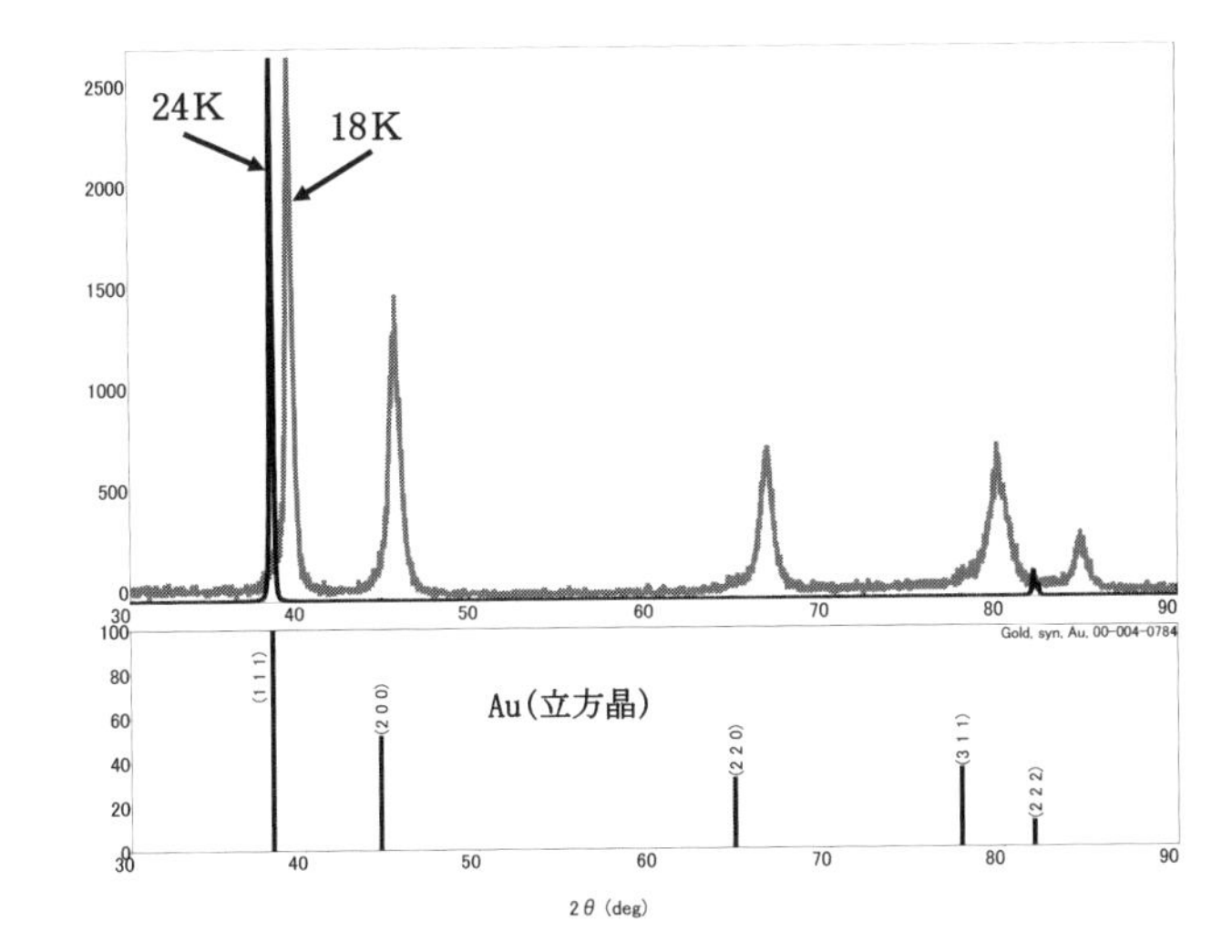

図５・３（１）　純金 24 K および合金 18 K の XRD パターン

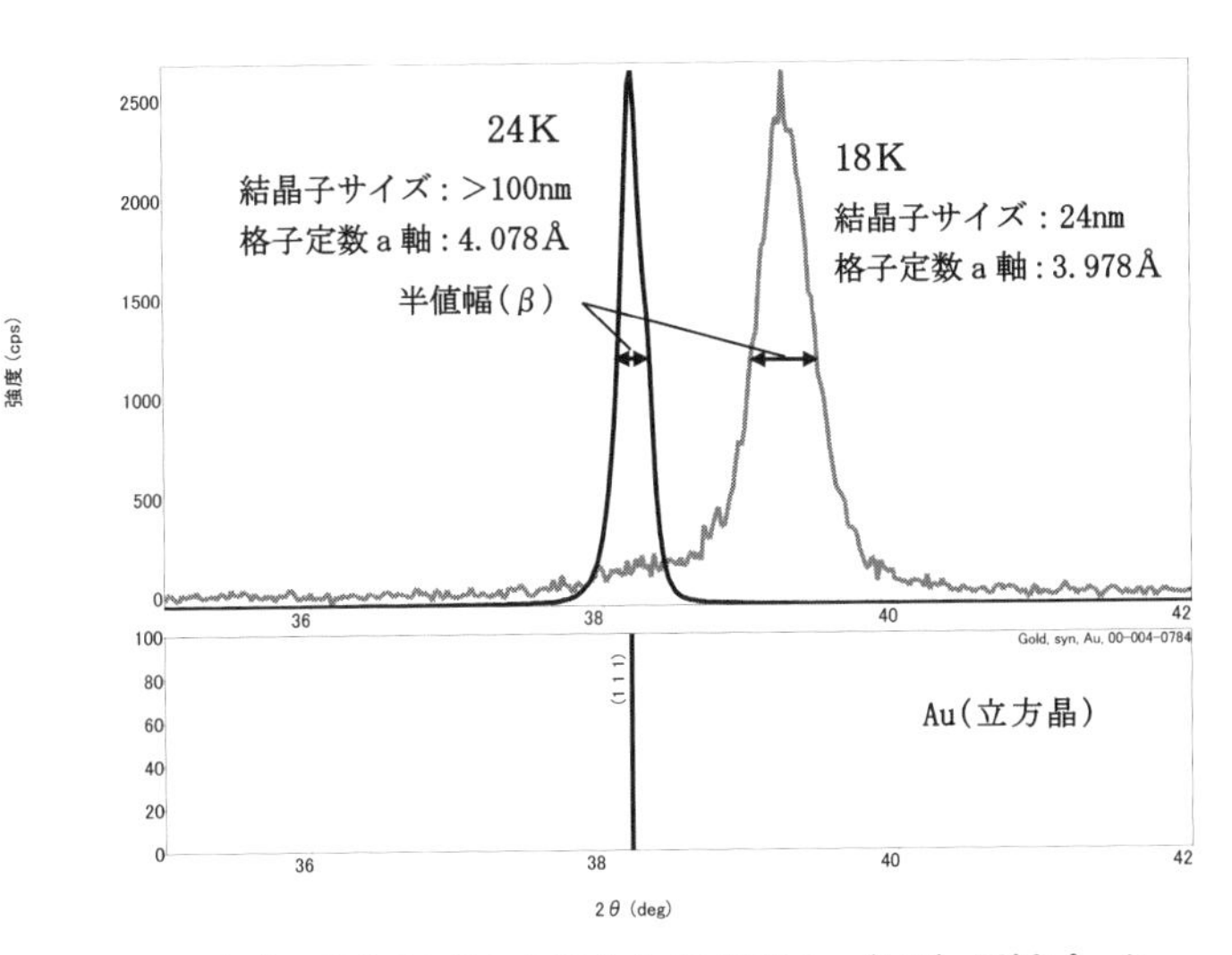

図５・３（２）　純金 24 K および合金 18 K の Au（111）回折ピーク

ピークは面指数（111）と面指数（222）の回折ピークが得られました。このことから、この24Kは111面に優先配列されていることから、圧延縮か、鍛造後に焼純されたものと思われます。

また、18Kでは金の標準データ位置よりも高角度側に回折ピークが検出され、標準データと同じ本数の回折ピークが得られました。このことから、このサンプルは金に銀と銅が固溶した合金で、結晶の優先方向配列が見られなかったことから、多結晶体に近いものであると思われます。

さらに、結晶粒径を算出した結果、24Kではシェラーの式から算出できる100nm以上で、18Kでは24nmでした。また、格子定数（立方晶のa軸）を算出した結果、24Kは4・078Åで、18Kは3・978Åでした。このことから、24Kよりも18Kの方が若干小さいこともわかりました。これは、24Kと18Kを構成するそれぞれの原子のイオン半径（Au：1・37Å、Ag：0・67Å、Cu：0・46Å）の長さが異なることため、格子定数のa軸の長さに影響するためです。

これらの結果から、XRD法を利用することで24Kと18Kの判別ができます。もちろん、機器元素分析や電子顕微鏡を使えば簡単にわかります。

（４）ツタンカーメンの黄金マスクのＸ線解析

類似した金に関する文献資料の「ツタンカーメン黄金のマスクのＸ線分析」（筆者・宇田応之）の中にもマスクの唇部分をＸＲＤ法で分析された結果が記載されていましたので、紹介させていただきます。このツタンカーメン黄金のマスクの唇部分は、主に金と銀が95％、銅が５％の合金で、金と銀が88％、銅が12％の合金が微量に混在した２相域が検出され、得られた回折ピークは標準データと同じ本数の回折ピークが得られたことから、結晶の優先方位配列は見られず、多結晶体に近いものであると推測されています。また、検出された２相の合金の格子定数のａ軸（立方晶）は、４・０８Åと３・９７Åの値で、金の含有量が異なるためと推測されます。

余談になりますが、なぜ日本人がエジプトの秘宝であるツタンカーメンの黄金マスクを分析できたのかというのは、筆者は考古科学Ｘ線分析機器を開発され、２００５（平成17）年８月にエジプトの高官のミイラ・マスクと木棺に塗られた顔料の調査のために現地に出向いていました。その現場にエジプト人のエジプト考古庁Ｘ線分析の主任担当者が訪ねてきて、実演（分析）を依頼されたのですが、帰国が迫っていたので断ったとのことです。帰国後ほどなく、エジプト考古庁からこの装置を寄贈してほしいとの要請があり、ツタンカーメン黄金マスクの分析をさせてもらえるならば、装置を作り、寄贈する約束をされたそうです。

（5） 鉄さびの腐食のメカニズムとX線解析

鉄の腐食のメカニズムについては、第4章で簡単に説明させていただきましたが、ここでは腐食のメカニズムについて触れます。

鋼の腐食という課題は、人類が鉄を使い始めてから永遠の課題です。水中の鉄の腐食は、鉄（Fe）と水（H_2O）と酸素（O_2）が共存すると、反応してさびを生成します。大気中では酸素があっても水分を取り除けばさびることはなく、水中では酸素がなければ鉄は腐食しません。水中の鉄の腐食反応を化学式にするとFe＋H_2O＋1/2 O_2→Fe(OH)$_2$となります。この水酸化第一鉄（Fe(OH)$_2$）は最初にできるさびですが、この段階ではさびはまだ赤くなく不安定です。酸素に接して（水中では水に溶けている酸素）によってただちに酸化され、水酸化第二鉄（Fe(OH)$_3$）となり、赤いさびになります。さらに水分があるとオキシ水酸化鉄（FeOOH）となってこれがいわゆる赤さびです。水酸化第一鉄から水酸化第二鉄への変化は次式の2Fe(OH)$_2$＋H_2O＋1/2 O_2→2Fe(OH)$_3$となります。鉄の電気化学反応の酸化は$Fe \rightarrow Fe^{2+} + 2e^-$で、鉄が金属原子の結晶格子から離脱して鉄イオンとなって水中に移行します。また、アノード反応（陽極反応）は鉄原子がプラスイオンになって水中に移行する腐食の基本過程で、このとき2個の電子が金属に残ります。

還元は1/20 O_2＋H_2O＋$2e^-$→$2OH^-$で、水中に溶けている酸素が遊離された電子を受け取って水酸化イオンになります。カソード反応（陰極反応）は、水中の酸素が鉄の表面で遊離された電子を受け取り、自身は還元されて水酸化物イオン（OH^-）になる部分反応（$2Fe(OH)_2 + H_2O + 1/2\ O_2 \rightarrow 2Fe(OH)_3$、$Fe(OH)_3 \rightarrow FeOOH + H_2O$）です。

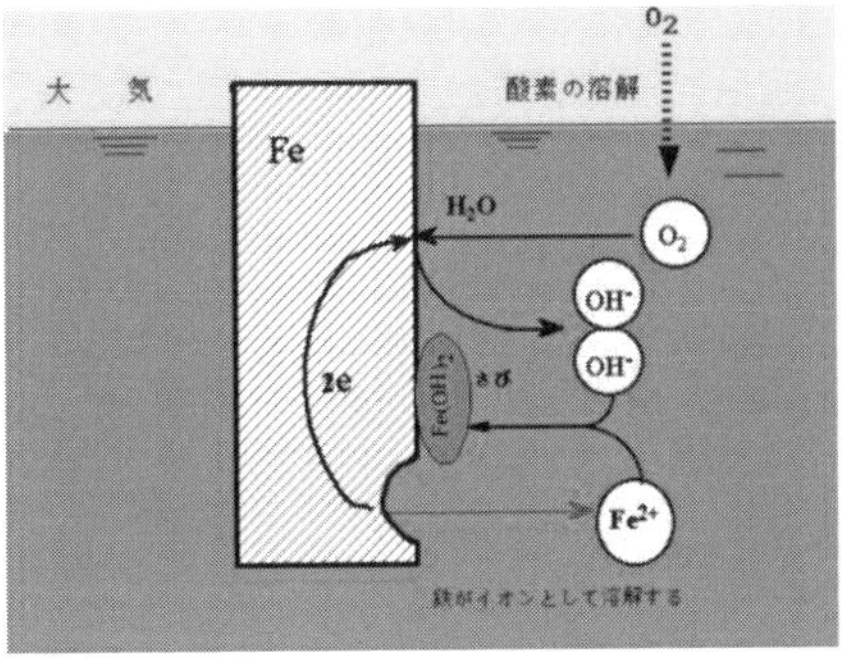

金属の腐食は、どんな場合も電子のやりとりによる酸化・還元反応で電子作用です。腐食は、金属表面に局部電池が生起することによって進行します。水中の鉄の腐食速度は溶存酸素の拡散速度によって制限され、水温を上げ、液を攪拌すれば酸素の攪拌が促進されて腐食は促進します。また、さびが鉄の表面を覆うようになると、酸素の拡散が阻止されて腐食速度は徐々に低下しますが、さびはポーラス（多孔性）ですから、鉄の表面をさびが覆っても腐食は止まることはありません（図５・４参照）。このように鉄の腐食反応は単純に見えますが、現実に起きているさまざまな腐食形態は、金属表面を覆う酸化物や表面皮膜の性質によって大きく影響されます。なかでも水素イオン指数（pH：溶液の液性、酸性・アルカリ性の程度を表す物理量）は、表面皮膜の溶解度を規定するので非常に重要な

図５・４　鉄腐食の電気化学機構の説明図
出典：入門「腐食のメカニズム」ホームページ

表5・1　鉄さびの結晶相の同定解析結果

採取場所	γ-FeOOH Lepidocrocite	β-FeOOH Akaganeite	α-FeOOH Goethite
屋外パネル	○	×	○
電気炉扉	×	○	○

注）○：検出、×：不検出を示す。

要因になります。

また、塩分は鉄をさびさせる酸化剤としてではなく、表面皮膜を化学的に腐食させます。現実に起こる腐食現象が局部腐食など多様な形態で現れるのは、水素イオン指数や溶解塩類（Ca, Si）などの環境条件によって腐食生成物（さび）の安定性が異なるためであり、水質や材料・応力特性などの要因が大きな役割をしています。たとえば、鉄の主な腐食生成物（さび）の水酸化物の $Fe(OH)_2$ は最初に生成されるさびで、この生成物が酸化して $Fe(OH)_3$ の暗緑色のさびになります。また、オキシ水酸化物の γ-FeOOH はさびの初期段階で生成する赤褐色のさびです。また、α-FeOOH は微細で結晶化した安定な暗茶色のさびで、β-FeOOH は海塩暴露などで生成される赤褐色のさびです。

身近にある鉄さびを2点採取し、XRD測定（集中法）を行いました。解析結果を表5・1、図5・5および図5・6に示します。自宅の玄関外に置いたパネルの端に生成した鉄さびからは、γ-FeOOH および α-FeOOH が検出されました。このことから、自宅は海から5㎞ほど離れた高台ですが、β-FeOOH が検出されなかったことから海からの塩害は

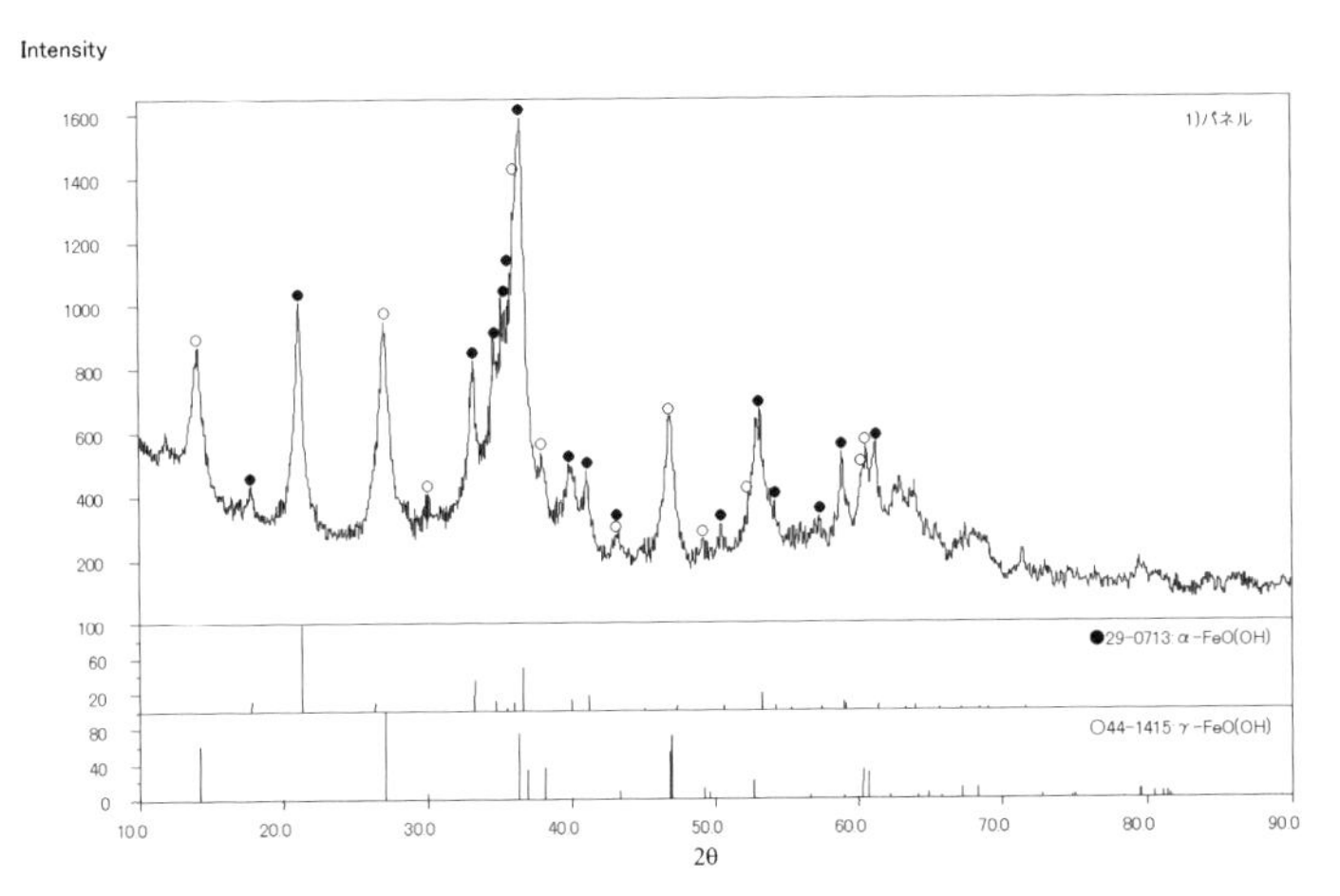

図5・5　屋外パネルの鉄さびの同定解析結果

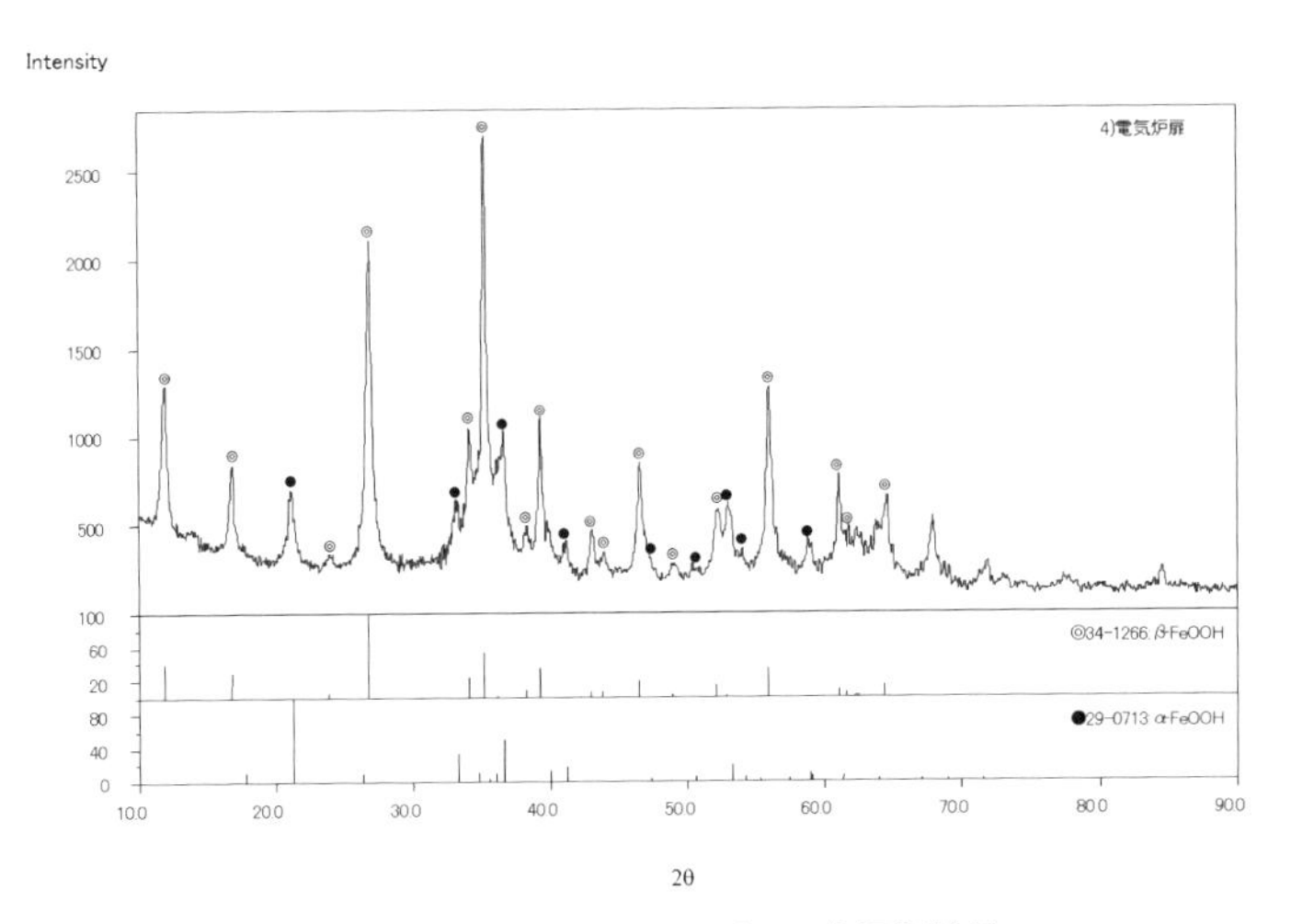

図5・6　電気炉扉の鉄さびの同定解析結果

ないことがわかりました。また、会社の無機実験室の電気炉の扉からは、β-FeOOHとα-FeOOHが検出されました。このことから、β-FeOOHは塩素（Cl）が大気中に存在すると生成されますので、実験室で使われる塩酸（HCl）試薬など塩素の存在で生成されたと思われます。ただし、環境基準に塩素の規定はないそうです。

まとめ

１８９５年にドイツの物理学者レントゲンによってＸ線が発見されてから今年で１２５年が経ちますが、この大発見により物理学はミクロの世界へ足を踏み入れることになりました。また、このＸ線を利用したさまざまな発見は人類の大きな貢献となって、ノーベル賞を受賞された学者を数多く輩出してきました。

日本におけるＸ線の回折研究の歴史も古く、１９１３年には物理学者の寺田寅彦が岩塩の大きい結晶片などを測定し、太いＸ線束や蛍光板を用いた結晶のＸ線が回折されることを観察し、回折が結晶面からの反射の形で生じることを学会で発表しました。このことが日本における結晶回折研究の第一歩となりました。

この私も永年、仕事で携わってきましたＸ線を線源としたＸＲＤ装置は、材料分析には欠かすことのできない分析装置です。このＸＲＤ装置で材料サンプルなどの定性分析や結晶構造、結晶粒径、格子定数、結晶化度、定量分析などさまざまな解析を行なってきました。

近年のＸＲＤ装置の急激なデジタル化によって、経験の浅い人にも定性分析などが簡単に行えるようになりました。さらには、光学系の平行ビーム法の開発は凹凸のあるサンプルをそのままの状態で測定が可能になり、解析に重要な面間隔の誤差を小さく抑えることができるようになりました。また、平行ビーム法は硬いサンプルなどの粉砕が不要で、粉末サンプルのホルダーへの充填による誤差も低減できます。さらに従来の集中法ではできなかったサンプルの薄膜層へのX線の入射ができますので、薄膜層の情報を明確に得られるようになりました。

この平行ビーム法を理解していただくために、身近な食塩で粒子が異なる食塩や精製法が異なる食塩、産地の異なる食塩をそのままの状態で測定しました。また、貝殻を粉砕せずにそのまま貝殻の表面を測定して、凹凸が著しい表面状態からも定性分析が可能であることを紹介させていただきました。また、チタン酸化皮膜に生成された物質が平行ビーム法で測定することで、サンプル表面に生成された極表面層の同定解析例についても紹介させていただきました。

XRD分析の高度な解析技術であるリートベルト解析については、同じ構成元素で構造が違う物質の比率が算出できるうえに、構造情報を得ることが可能で、リートベルト解析法を用いてMEM解析することで電子密度分布を可視化し、議論することが可能になることや、XRDパターンをリートベルト解析することによって、さまざまなパラメーターや電子密度分布を定量的に議論することが可能となることについても紹介させていただきました。

測定サンプルに用いた食塩は日本の海水や他国の塩湖で採取し、濃縮や精製して作られたミネラルを含んだ美味しい食塩が数多く販売されております。この食塩の人間生活との関わり、病気との因果関係、日本の縄文・弥生時代から現在の塩づくりの歴史、品質と安全性などを紹介させていただきました。貝殻については貝殻の形成・成長、ホタテの貝殻などの産業廃棄物としての資源化も紹介させていただきました。

また、測定に用いたＸＲＤ装置の簡単な原理、解析でわかること、測定に関する注意事項、光学系の集中法と平行ビーム法の原理や用途の違いなどについても説明させていただきました。Ｘ線分析に携わる方々だけではなくＸＲＤ装置に興味を持っていただいた多くの人たちが、光学系の平行ビーム法についての利点をよく理解し、広く活用して頂ければ幸いです。

参考文献および参照文献

［1］斉藤喜彦・伊藤正時共著「化学の話シリーズ7・結晶の話」倍風館出版（１９９１）
［2］公益財団法人「日本海事広報協会」ホームページ
https://www.kaijipr.or.jp/mamejiten/shizen/shizen_3.html/
［3］日経サイエンス、２０１８／１／27
https://www.nikkei.com/srticle/DGXWZO26040560T20C18A1000000/
［4］公益財団法人「塩事業センター」ホームページ
https://www.shiojigyo.com/siohyaKKa/
［5］ＮＨＫスペシャル「食の起源」第2集「塩」２０１９・12放映
［6］加藤暎一著「病態栄養シリーズ４・電解質と臨床」菜根出版（１９８５）
［7］H. M. Rietveld. *Acta Crystallogr.*, 22, 151（1967）
［8］H. M. Rietveld, *J. Appl. Crystallogr.*, 2, 79（1969）
［9］F. Izumi and K. Momma, *Solid State Phenom.*, 130, 15（2007）
［10］K. Momma and F. Izumi, *J. Appl. Crystallogr.*, 44, 1272（2011）
［11］坪田雅己、伊藤孝憲 共著「RIETAN-FPで学ぶリートベルト解析」情報機構（２０１７）
［12］F. Izumi and K. Momma, *Mater. Sci. Eng.*, 18, 022001（2011）
［13］T. Itoh, *et al. J. Phys.* Chem. C, 119, 8447（2015）
［14］E. Nishibori, *et al, Nucl. Instr. Meth.*, A467, 1045（2001）
［15］金子道郎、徳野清則、山岸和夫、和田孝男、長谷川 剛共著「チタン」63. 2, 134～141（２０１５）
［16］常磐井守泰、古谷正裕、田中信幸京共著「チタン」54. 1, 54～56（２００６）

[17] 東洋製箔株式会社「光触媒抗菌性チタン箔」カタログ
[18] 朝倉健太郎、平川和子著「XRDによる陽極酸化被膜のタイプ解析」、一般社団法人日本チタン協会・福祉医療WG、2019年度研究報告書（2020年3月）
[19]（株）リガク「X線回折ハンドブック」（株）リガク出版（2006）

謝辞

本書の発行に際し、有益なご助言、ご支援を賜りました東京大学・マテリアル工学専攻の朝倉健太郎先生には酸化チタンの解析ならびに本書の全体をとおしてチェックをいただきました。各種の塩サンプルを提供くださったリツメー（株）の頼仲代央子様、アジア太平洋未病医学会の神林明美様、（株）日産アークの伊藤孝憲様には貝殻のリートベルト解析について多大のご協力をいただきました。（一社）日本チタン協会・福祉医療WGの研究報告書転載を許可くださった小澤日出行主査と伊藤喜昌コンサルタントに感謝致します。また、（株）日産アークの松本隆常務、荒木室長には貴重な装置を本書作成のため、寛大にも利用させていただき、心より感謝いたします。

●著者略歴

平川　和子（ひらかわ・かずこ）

1960年、神奈川県横須賀市に生まれる。1978年神奈川県立横須賀工業高等学校・化学工学科卒業、同年日産自動車(株)中央研究所（現、総合研究所）に入社。この間、材料分析に欠かせない有機分析（構造解析や原料や製品からの溶出成分や発生ガス分析など、材料に起因する有機物の分析）を行ってきました。

また無機分析（各種製品や材料などに含まれる無機元素について、組成分析や極微量分析）までを幅広く対応してきました。試料や元素の性質、予測濃度や定量分析によって最適な前処理や測定手法を用いて分析してきました。機器分析はIR（赤外分光法）、TG/DTA（熱重量・示差熱同時分析）およびラマン分光（ラマン効果を利用した方法）や、XPS（X線光電子）、XRD（X線回折）分析などに従事してきました。

1990年(株)日産アーク出向、1913年(株)日産アーク転籍、2020年定年退職後、現在はシニアパートナーとして従事しています。

身近な食塩と貝殻、酸化チタン皮膜のX線解析

2020年7月30日　初版第1刷発行

著　　者　平川　和子
発 行 者　朝倉健太郎
発 行 所　株式会社　アグネ承風社
〒178-0065　東京都練馬区西大泉5-21-7
TEL/FAX 03-5935-7178

印刷・製本所　モリモト印刷株式会社

本書の内容の一部または全部を無断でコピー（複写複製）することは、法律で認められた場合を除き、著作者および出版社の権利の侵害となりますので、あらかじめ小社宛に許諾を得てください。

ISBN 978-4-900508-89-7
落丁本・乱丁本はお取り替えいたします。